教育部 财政部职业院校教师素质提高计划成果系列丛书
职教师资本科化学工程与工艺专业核心课程系列教材

化学工程与工艺专业教学
理论与实践

陈　钢　李冬梅　周宝晗　编著

科学出版社
北京

内 容 简 介

　　本书根据中等职业教育的培养目标,遵循中等职业学校学生的认知心理特点,从"以能力为本位,以就业为导向"的教育理念出发,贴近化学工程与工艺专业教育教学实践,遵循认知规律,突出层次性,遵循由易到难的规律,将理论知识和实践技能培养融于各章节之中。培训内容是全新的,做到知识系统化,精简理论,案例翔实,紧密联系生产和教学实际。本书内容主要分为两篇:第一篇主要是专业教学特点介绍和职业环境创设;第二篇的专业教学法是本书的重点,在各种专业教学法的应用章节,设有该种教学法在化学工程与工艺专业的应用典型案例,采用理论和实际案例相结合的方式,在案例中巩固和理解专业教学法的基本理论。便于学员在学习时将所掌握的知识应用于实践教学,并不断地拓宽视野,有助于进一步的自主学习。

　　本书适合本科化学工程与工艺专业且有志从事化工类专业职业教育的人员使用;也可作为中职学校化工类专业教师参考用书。

图书在版编目(CIP)数据

化学工程与工艺专业教学理论与实践/陈钢,李冬梅,周宝晗编著.—北京:科学出版社,2016.7

职教师资本科化学工程与工艺专业核心课程系列教材

ISBN 978-7-03-049513-6

Ⅰ.①化… Ⅱ.①陈… ②李… ③周… Ⅲ.①化学工程-中等专业学校-教材 Ⅳ.①TQ02

中国版本图书馆 CIP 数据核字(2016)第 180137 号

责任编辑:闫　陶　杜　权/责任校对:董艳辉
责任印制:彭　超/封面设计:何家辉　苏　波

科学出版社 出版

北京东黄城根北街 16 号
邮政编码:100717
http://www.sciencep.com

武汉市首壹印务有限公司印刷
科学出版社发行　各地新华书店经销

*

开本:787×1092　1/16
2016 年 8 月第　一　版　印张:11 1/2
2016 年 8 月第一次印刷　字数:295 000

定价:**26.80** 元
(如有印装质量问题,我社负责调换)

教育部、财政部职业院校教师素质提高计划成果系列丛书

项目牵头单位：湖北工业大学

项 目 负 责 人：胡立新

项目专家指导委员会：

主　　任：刘来泉

副主任：王宪成　郭春鸣

成　　员：（按姓氏笔画排列）

刁哲军	王继平	王乐夫	邓泽民	石伟平	卢双盈
汤生玲	米　靖	刘正安	刘君义	孟庆国	沈　希
李仲阳	李栋学	李梦卿	吴全全	张元利	张建荣
周泽扬	姜大源	郭杰忠	夏金星	徐　流	徐　朔
曹　晔	崔世钢	韩亚兰			

丛书编委会

主　编：胡立新

副主编：唐　强　胡传群　李　祝　范明霞　周宝晗　徐保明
　　　　何家辉

编　委：高林霞　李冬梅　陈　钢　杜　娜　查振华　陈　梦
　　　　毛仁群　俞丹青　赵春玲　张运华　刘　军　罗智浩
　　　　李　飞　姜　凯　张云婷　胡　蓉　李　佳　王　勇
　　　　万端极　张会琴　汪淑廉　皮科武　黄　磊　柯文彪
　　　　魏星星　李　俊　朱　林　程德玺　周浩东　彭　璟
　　　　刘　煜　张　叶　叶方仪　葛　莹　李毅洲　付思宇
　　　　殷利民　万式青　张　铭　金小影　闫会征

出版说明

《国家中长期教育改革和发展规划纲要(2010—2020 年)》颁布实施以来,我国职业教育进入到加快构建现代职业教育体系、全面提高技能型人才培养质量的新阶段。加快发展现代职业教育,实现职业教育改革发展新跨越,对职业学校"双师型 6"教师队伍建设提出了更高的要求。为此,教育部明确提出,要以推动教师专业化为引领,以加强"双师型"教师队伍建设为重点,以创新制度和机制为动力,以完善培养培训体系为保障,以实施素质提高计划为抓手,统筹规划,突出重点,改革创新,狠抓落实,切实提升职业院校教师队伍整体素质和建设水平,加快建成一支师德高尚、素质优良、技艺精湛、结构合理、专兼结合的高素质专业化的"双师型"教师队伍,为建设具有中国特色、世界水平的现代职业教育体系提供强有力的师资保障。

目前,我国共有 60 余所高校正在开展职教师资培养,但由于教师培养标准的缺失和培养课程资源的匮乏,制约了"双师型"教师培养质量的提高。为完善教师培养标准和课程体系,教育部、财政部在"职业院校教师素质提高计划"框架内专门设置了职教师资培养资源开发项目,中央财政划拨 1.5 亿元,系统开发用于本科专业职教师资培养标准、培养方案、核心课程和特色教材等系列资源。其中,包括 88 个专业项目,12 个资格考试制度开发等公共项目。该项目由 42 家开设职业技术师范专业的高等学校牵头,组织近千家科研院所、职业学校、行业企业共同研发,一大批专家学者、优秀校长、一线教师、企业工程技术人员参与其中。

经过三年的努力,培养资源开发项目取得了丰硕成果。一是开发了中等职业学校 88 个专业(类)职教师资本科培养资源项目,内容包括专业教师标准、专业教师培养标准、评价方案,以及一系列专业课程大纲、主干课程教材及数字化资源;二是取得了 6 项公共基础研究成果,内容包括职教师资培养模式、国际职教师资培养、教育理论课程、质量保障体系、教学资源中心建设和学习平台开发等;三是完成了 18 个专业大类职教师资资格标准及认证考试标准开发。上述成果,共计 800 多本正式出版物。总体来说,培养资源开发项目实现了高效益:形成了一大批资源,填补了相关标准和资源的空白;凝聚了一支研发队伍,强化了教师培养的"校—企—校"协同;引领了一批高校的教学改革,带动了"双师型"教师的专业化培养。职教师资培养资源开发项目是支撑专业化培养的一项系统化、基础性工程,是加强职教教师培养培训一体化建设的关键环节,也是对职教师资培养培训基地教师专业化培养实践、教师教育研究能力的系统检阅。

自 2013 年项目立项开题以来,各项目承担单位、项目负责人及全体开发人员做了大量深入细致的工作,结合职教教师培养实践,研发出很多填补空白、体现科学性和前瞻性的成果,有力推进了"双师型"教师专门化培养向更深层次发展。同时,专家指导委员会的各位专家以及项目管理办公室的各位同志,克服了许多困难,按照两部对项目开发工作的总体要求,为实施项目管理、研发、检查等投入了大量时间和心血,也为各个项目提供了专业的咨询和指导,有力地保障了项目实施和成果质量。在此,我们一并表示衷心的感谢。

编写委员会

2016 年 3 月

丛 书 序

"十二五"期间,中华人民共和国财政部安排专项资金,支持全国重点建设职教师资培养培训基地等有关机构申报职教师资本科专业培养标准、培养方案、核心课程和特色教材开发项目,开展职教师资培训项目建设,提升职教师资基地的培养培训能力,完善职教师资培养培训体系。湖北工业大学作为牵头单位,与山西大学、西北农林科技大学、湖北轻工职业技术学院、湖北宜化集团一起,获批承担化学工程与工艺专业职教师资培养资源开发项目。

这套丛书,称为职教师资本科化学工程与工艺专业核心课程系列教材,是该专业培养资源开发项目的核心成果之一。

职业技术师范专业,顾名思义,需要兼顾"职业""师范"和"专业"三者的内涵。简单地说,职教师资化学工程与工艺本科专业是培养中职或高职学校的化工及相关专业教师的,学生毕业时,需要获得教师职业资格和化工专业职业技能证书,成为一名准职业学校专业教师。

丛书现包括五本教材,分别是《典型化学品生产》《化工分离技术》《化工设计》《化工清洁生产》和《职教师资化工专业教学理论与实践》。作者中既有长期从事本专业教学实践及研究的教授、博士、高级讲师,也有近年来崭露头角的青年才俊。除高校教师外,有十余所中职、高职的教师参与了教材的编写工作。

这套教材的编写,力图突出职业教育特点,以技能教育作为主线,以"理实一体化"作为基本思路,以工作过程导向作为原则,将项目教学法、案例分析法等教学方法贯穿教学过程,并大量吸收了中职和高职学校成功的教学案例,改变了现有本科专业教材中重理论教学、轻技能培养的教学体系。这也是与前期研究成果相互印证的。

丛书的编写,得到兄弟高校和大量中职高职学校的无私支持,其中有许多作者克服困难,参与教学视频拍摄和编写会议讨论,并反复修改文稿,使人感动。这里尤其要感谢对口指导我们进行研究的专家组的倾情指导,可以说,如果没有他们的正确指导,我们很难交出这份合格答卷。

期待着本套系列教材的出版有助于国内应用技术型高校的教师和学生的培养,有助于职业教育的思想在更多的专业教育中得到接受和应用。我们希望在一个不太长的时期里,有更多的读者熟悉这套丛书,也期待大家对该套丛书的不足处给予批评和指正。

胡立新

2015 年 12 月于湖北武汉

前　　言

　　职业教育担负着培养数以千万计的、为促进区域经济和社会发展而从事生产、建设、管理和服务第一线高技能人才的重要使命。人才培养水平的高低不仅关系到职业学校的生存与发展，还关系到区域经济社会的发展，而且也关系到国家建设的全局。

　　"十二五"期间，中华人民共和国财政部安排专项资金，支持全国重点建设职教师资培养培训基地等有关机构申报职教师资本科专业培养标准、培养方案、核心课程和特色教材开发项目，切实提高中等职业学校教师队伍的整体素质，优化教师队伍结构，完善教师队伍建设的有效机制，加快培养一大批高素质的技能型人才。正如"丛书序"中所述，本科化学工程与工艺专业的职教师资是用来培养中等职业学校化工及相关专业（以下简称化工类专业）教师的，为此，我们承担编写了化学工程与工艺专业系列教材之《化学工程与工艺专业教学理论与实践》，将化工教学从知识传授为教学本体转为以培养从教能力、学术研究能力为教学本体，在方法论上，将教师讲授法转为学生学习法。本书具有以下几个特点：

　　(1) 根据中等职业教育的培养目标，遵循中等职业学校学生的认知心理特点，从"以能力为本位，以就业为导向"的教育理念出发，着力提高中等职业学校教师队伍的整体素质，特别是实践教学及教学法应用能力。

　　(2) 贴近中职化工类专业教育教学实践，遵循认知规律，突出层次性，将实践技能和理论知识培养遵循由易到难的规律融于各章节之中。培训内容是全新的，做到知识系统化，精简理论，案例翔实，紧密联系生产和教学实际。

　　(3) 第1～2章主要是专业教学特点介绍和职业环境创设，学员对这些知识能够理解、在以后的工作中注意应用即可。没有安排测试题和练习题。后面的专业教学法是本书的重点，学员不仅应懂得基本理论，而且应当结合自己的工作灵活应用。因此，第3～5章在讲完基本理论后，都安排了测试题，测试学员对基本理论的掌握情况；同时，测试本身也是再学习的过程。测验结果可对照参考答案（附后）。在教学案例介绍完后，安排了练习题，要求学员练习，尤其是参照范例自己设计教案，以达到灵活应用的目的。最后一章是模拟教学法，主要介绍模拟设备教学，从某种意义上来说，模拟设备教学主要是教育技术问题（实际采用的教学法仍然是前述的专业教学法），所以没有安排测试题和练习题。

　　(4) 在专业教学法的应用章节设有该种教学法在化工类专业的应用典型案例，便于学员在学习时将所掌握的知识应用于实践教学，并不断地拓宽视野，有助于进一步的自主学习。第3～6章的教学案例都做了分析，便于读者理解案例的教学思想及实施步骤。

　　需要说明的是，虽然专业教学法是适合职业教育的教学方法，但若无整个教学理念、培养计划的配套改革，某一个教师在某一门课中采用专业教学法，其效果是极其有限的。

不仅如此,单独某门课采用专业教学法也存在困难,以项目教学法为例。某一项目的完成需涉及较多的专业知识,这些知识分布在学科式教学的几门课中,由几个教师担任,某一个教师单独采用项目教学法,可能将别的教师担任的某些教学内容也"抢"来完成了,但考虑到项目选择,自己原承担的课程内容将无法完成,且课时有限,很难通过几个项目实现教学目的。因此,专业教学法的实施是涉及职业教育系统的教学改革,具体来说,即要进行课程系统按新的专业教学法理念重新开发,应由学校教务部门,至少是专业教研室领导组织进行,个别教师单独采用专业教学法是难以奏效的。

本书编写过程中得到湖北工业大学职业技术教育学硕士研究生张君第、何加飞、王东松、张启敏和其他 2008 级职业技术教育学硕士研究生的帮助,在此表示衷心感谢。另外,特别感谢为我们提供教学案例的教师,以及北京东方仿真软件技术有限公司。尽管我们力求完美,但因水平有限,书中难免存在不足之处,敬请专家和广大读者不吝指正。

陈　钢

2015 年 11 月 15 日

目 录

第一篇 化工类专业教学特点分析

第二篇　化工类专业教学法

第一篇　化工类专业教学特点分析

化工行业有着非常突出的行业特点。化工生产在高温、高压的环境下进行；生产物料易燃、易爆、有毒、有腐蚀性；流程化、连续化生产及在密封容器中完成反应的工艺操作对自动控制的要求高；一般生产岗位操作的技能性不强。这些行业特点对各种技能型人才的要求，呈现出不同于其他行业的倾向。例如对化工总控工，由于要严格控制工艺参数，对化工过程的原理和工艺知识以及分析问题和解决问题的能力要求较高；而对化工检验工，要有一定的相关专业知识基础，对操作技能要求较高；对于其他工种（如电工、维修工等），对相关的专业知识和操作技能均有特殊要求。

化工行业特点对技能型人才规格提出了相应的要求，其基本要求是进入企业应经过适当的职业技术培训，并取得相关技能证书或资格证书；其层次需求是企业的生产人员应为初级技工以上，以中、高级技工为主。一些企业认为，高级技工占多数则更为理想，还应有相当数量的技师、高级技师，班组长、工段长应为技师或高级技师。

化工企业对从业人员的专业能力也提出了相应的的要求。由于精益生产模式的运用，企业对宽基础的复合型技术人员需求急剧增加，即要求一线工人一专多能；知识复合、技能多面是对本专业技能型人才专业能力的总体要求。同时由于一般生产岗位操作技能性不强，企业更加注重员工的社会能力和方法能力。部分企业认为在现有的条件下，社会能力和方法能力有时比专业能力更为重要，并支配着企业对人才的录用。此外，职业道德和敬业精神、吃苦耐劳的精神、适应环境的能力、自我表达和评价能力、质量和安全意识、分析和解决实际问题的能力、团结协作能力、交往沟通能力、学习能力等是目前企业的普遍着眼点。企业同时要求员工在工作中具有一定组织协调、判断决策、分析复杂问题的能力以及不断学习新技术的积极性和相互合作的品质等。化工类专业的技能型人才必须具备的素质是：专业基础理论扎实，专业知识面宽，理论联系实际的能力强；勇于探索，不断充实和提高，创新能力强；思维敏捷，适应市场变化，随机应变能力强。

化工行业的鲜明特点及其对从业人员职业能力的要求，对职业学校化工类专业的教学也造成了较大的影响。学生在校期间需要学习大量的理论知识，还要掌握一定的操作技能,更重要的是要养成化工的思维习惯。在这种大背景下,化工类专业的教学有内容理论多且抽象;专业知识应用性及实践性强;教学实践设备或场所受行业特点的限制;专业课程的内容更新很快等特点。与此相适应,职业学校化工类专业的教学一定要采用多样的、合适的教学方法。

　　本科化学工程与工艺专业的职教师资一般从事化工类专业教学工作,而中等职业学校化工类专业包括化学工艺、工业分析与检验、石油炼制、化工机械与设备、精细化工等13个专业,专业(技能)方向则更多。本书中以"化工类"专业作为统称,涉及具体专业时,则以最具代表性的化学工艺专业为例。

第1章 化工类专业的教学特点与职业分析

1.1 中等职业学校化学工艺专业的教学特点

化学工艺的基础是化学知识。以化学知识作为基础的学科还包括环境科学及工程、食品加工工程、生物技术及生物化工、化工制药等若干分支学科。仅从化学工艺专业本身来看,涉及的生产领域非常广泛,包括基本有机化工、高分子化工、精细化工、无机化工、生物化工、化学制药、煤化工等,共有的知识基础是化学,但是实践教学环节差异很大,其教学内容和教学方法确有明显不同。化工行业与其他行业相比,专业性较强,技术风险较大。该行业对职工操作规范、专业技能、安全知识等要求很高,因此,培养该行业的操作工人必须在这些方面给予足够的重视。化工专业教学环节中的企业实习也不同于其他专业实习。通常,较大型企业才有较规范的企业管理制度、较先进的设备和工艺、较系统的企业文化和较大的接受实习的容量,但这类企业不太可能允许学员实际操作,而仅仅走访参观是无法达到实习教学目的的。可行的培训办法或是在培训单位建立单元操作实验室和化工仿真实验室。概括起来,中等职业学校化学工艺专业的教学内容有以下特点。

1.1.1 叙述性内容较多

现代工科专业课程所涉及的研究领域往往是由多学科交叉形成的边缘科学,教材介绍相关专业的知识时,一般直接给出公式,不做推导。为了能够运用于本学科,就要对这些公式加以修正,增加一些假设条件和一些经验系数。如果任课教师没有实践经验,不熟悉这些假设条件和经验系数的选取,教学效果也就可想而知了。

1.1.2 应用多

工程科学是一门应用学科,是传统理论、新理论和新方法在工程实践中的具体应用。丰富的经验在工程中起着很大作用。如何将这些理论和方法全面地传授给学生并使学生把这些理论和方法运用到工程实践中去,取决于任课教师的理论水平及自身的工程实践经验的多少。

1.1.3 经验数据多,变化幅度大

翻开专业课本,几乎找不到不带经验系数的公式。这些经验系数的变化范围很大,对这些变化范围较大的经验系数,就要求任课教师非常熟悉这些公式的来龙去脉,熟悉在什么条件下取什么数值,拿出具体实例讲解。

1.1.4 教学学时紧

相对于教学学时而言,专业课所包含的知识多,它是各方面知识的综合运用。加之目前教学改革在缩短总学时的同时,要拓宽基础,增加基础课学时,使得专业课时比以前有所减少,因此要求在相对较短的时间内讲授较多内容。

1.1.5 实践性强

工科专业课是基础理论在专业实践中的应用,不仅要求讲清基础理论的应用结果,更重要的是培养学生解决工程实际问题的能力,专业课教学重在培养学生的基本工程素质,这就要求教师在教学过程中注意理论联系实际,以提高教学效果。

1.1.6 更新快

科学技术的发展日新月异,专业课教学内容更新很快。因此,要选用新教材,并将教材中来不及反映的最新发展动态补充到教学内容中来,使学生能够掌握最新的专业知识。

1.2 中等职业学校化学工艺专业人才的综合职业能力分析

1.2.1 职业能力的基本特征

1. 职业性

职业教育中的能力培养以社会需求和市场需要为目标,以技术应用能力为主线,当然也不排斥可持续发展能力,侧重于各种基本能力在职业活动中的具体应用,而且更多地表现为产业性特点,主要是在生产、技术、管理和服务等不同领域发挥作用。

2. 综合性

随着知识经济时代的到来,科技呈综合化发展的趋势,人才素质日益向通用型、复合型靠拢,多层次、多领域的能力要求是现代职业发展的方向。当今时代,职业能力应

该是多方面、多层次、多领域的复合体,它既体现为树状的层次结构,又体现为复合的网状结构。职业能力不仅需要精专的业务知识、技能,同时也需要宽厚的基础知识以及相关领域知识和信息,当然还需要具备诚信、沟通、合作、学习等现代人所要有的一般素质。

3. 特定性

职业能力是针对一定职业的能力而言的,离开了一定的职业方向,就谈不上职业能力的存在。尽管素质教育的推行对职业教育提出了新要求,能力的培养不能以单纯的专业技能训练为主,而要注重全面素质和综合能力的提高,但素质教育并不排斥职业能力的方向性,是一种"合格特色"的教育。这里的"特色",也可以理解为职业能力的专门化、方向化。

4. 差异性

差异性是指职业能力的个体属性。对于不同的个体对象,既有能力指向目标的多样化差异,又有能力强弱和水平高低的随机性差异。学生职业能力的目标指向、水平层次是与个人性格、兴趣、爱好和需要等密切相关的,这也正是我们倡导对学生进行个性化教育、因材施教的基础。

5. 发展性

随着社会的发展和科技的进步,职业领域不断变更,职业能力的内容处于不断的发展和变化中。随着个人职业生涯的延伸、岗位的变化,对个体的能力要求也在不断提高,所以职业能力处于一种不断发展、不断扩张的变化中。

1.2.2　化学工艺专业人才的职业能力分析

1. 化学工艺专业职业能力核心内容分析

1) 工种分析

化工工种十分复杂,涉及工艺、设备(防腐、点焊)、仪表、安全、质量检验(工业分析)、生产(操作工)、保管核算、运输等方方面面,首先必须做好分类处理,才能进行统计调查。化工操作包括一般操作和特种操作,涉及的职业岗位包括:化工总控工,制作操作工,冷冻提硝工,真空制盐工,石油产品精制工,放射性作业工,硝酸铵生产工,卤水净化工;化学工艺试验工、安全员、质检员、消防员、化工"三废"处理工;化工罐内作业,化工清洗工,高温作业工,化工防腐,化工高处作业,化工动火作业,查漏检堵,化工抽堵盲扳、置换和清洗作业工,保温工,安全阀调整,管路操作;司泵工,压缩机,空压机工,司炉工,锅炉水处理工,气瓶运输、储存、使用、改装、气瓶充装;气储配站消防安全,盐斤收放保管工,剧毒试剂的化工储运、装卸;高低压电器装配工,变电、维修电工,外线安装电工,弱电维修工;装配钳工,维修钳工,设备检修和维护,设备的安装与调试,工具的制造和修理,电气设备的检修、故障诊断和维修。车间管理模块包括产品质量管理和车间生产管理,分别对应产品质检员和车间班长职业岗位。

2）系统类别分析

化工生产与其他生产过程不同，特点是系统性强，一个工厂就是一个系统，系统又分为单元，教学过程必须按系统流程规划，包括化学工艺过程、安全环境保护、设备仪器仪表、分析质量检验、化工操作规程等，否则教学内容将十分庞大。

3）化工领域分析

此部分工作主要作为行业分析、调研的基础，常见划分方法是基本有机、无机化工、精细化工、煤化工、化学肥料、石油炼制。对化学工艺专业而言，实际上就是培养生产第一线的高素质、高技能的操作工人和分析检验员、质检员和安全员等。

2. 化学工艺专业能力标准结构

2006年4月11日至14日，中国化工教育协会在云南昆明召开了全国化工中等职业教育化工类专业教材建设工作会议。会议部署了以化学工艺专业为典型专业，依据国家教育部对中等职业教育（三年制）培养目标的定位和有关要求，以行业调研课题"中国化工制造业发展与职业技术教育研究"（AJA030011）为教学内容的依据，并满足化工行业的发展对一线技术工人的需求和要求。制订了化学工艺专业能力体系结构，将中等职业学校化学工艺专业的能力标准分为个人能力和职业能力两部分，该能力标准主要是从企业的角度来讲的。能力体系结构见表1-1。

表 1-1　化学工艺专业能力标准的结构

个人能力	职业能力
语言及文字表达能力	操作及维护化工生产常用设备的能力
计算机应用能力	控制化工生产单元的能力
应急处理能力	使用现场化工仪表的能力
基础分析检验和计算能力	使用控制仪表的能力
人际交往能力	识图与制图的能力
团队合作能力	使用安全设施的能力
专业外语阅读能力	使用环保设施的能力

3. 化学工艺专业的专业实践能力标准结构

为了满足企业对化学工艺专业培养人才的要求，同时便于学校进行教学，根据化工行业的特点，我们把专业实践能力分为专业基础实验能力（图1-1）和工程实践能力（图1-2）两部分。

举例：常规操作训练能力标准

1. 一般操作

　1.1　工作准备

　　1.1.1　阅读交接班记录

　　　1.1.1.1　了解上一班装置运转的情况

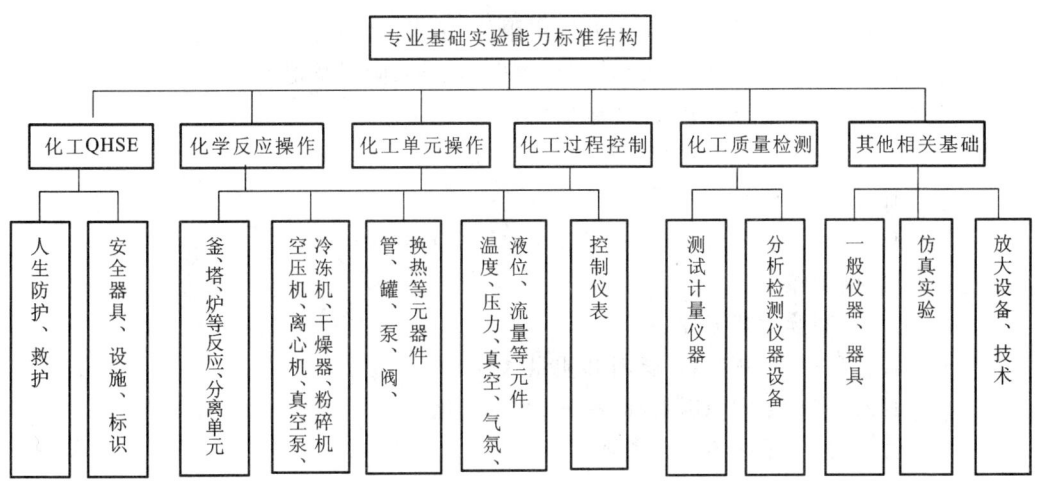

图 1-1　专业基础实验能力标准结构

注：QHSE 指质量、健康、安全、环境。

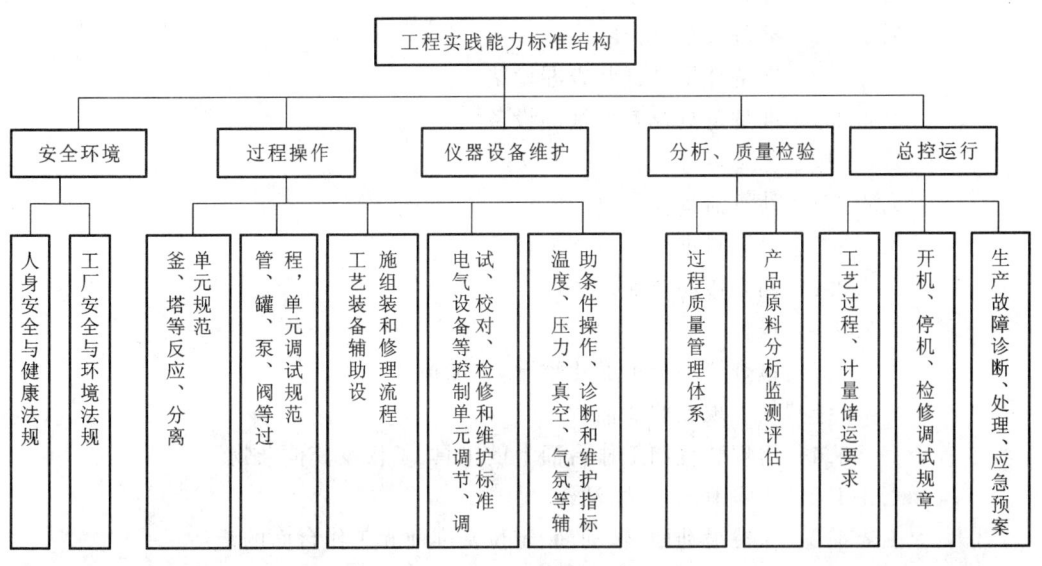

图 1-2　工程实际能力标准结构

1.1.1.2　了解上一班装置存在的问题

1.1.2　整理现场

1.1.2.1　清理障碍物、杂质、工件等

1.1.2.2　整理工具、药品、原料

1.1.2.3　擦拭装备、工作台，清洗器具

1.1.3　检查设备

1.1.3.1　检查工作台、传动件及主要滑动面

1.1.3.2　检查安全防护、制动(止动)、联锁、夹紧机构等装置

1.1.3.3　校对仪表、调正并固定限位、定程挡铁和换向碰块等

1.1.3.4　检查机械、液压、气动等操作手柄、阀门及密封

1.1.3.5　检查各开关、传感器

1.1.3.6　检查电器配电箱及电气接地

1.1.3.7　检查润滑系统

1.1.3.8　空车试运行(停机 8 小时以上),查漏检堵

1.2　实施操作

1.2.1　阅读工艺卡片

1.2.1.1　了解原料、材料和质量

1.2.1.2　了解原料指标、配料、配方变化

1.2.1.3　了解各工艺参数

1.2.1.4　了解操作要求

1.2.1.5　了解工艺装备

1.2.2　工艺准备

1.2.2.1　确定投料顺序

1.2.2.2　准备天平、磅秤

1.2.2.3　准备计量泵、阀,查漏检堵

1.2.2.4　准备量具及其他辅助设备

1.2.3　按工艺规定开机

1.2.3.1　计量器具校零、校平

1.2.3.2　对原料进行计量和分包

1.2.3.3　调整传动及输送速度

1.2.3.4　投料

1.2.3.5　检查仪表指示变化情况,查漏检堵

1.2.4　维持加工现场的清洁

1.2.4.1　清理装置和工作台面上的工具、工件及其他杂物

1.2.4.2　清除泄漏物品、油污

1.2.4.3　保持滑动面、转动面、定位基准面和工作台面的清洁

1.2.5　处理故障

1.2.5.1　停车检查

1.2.5.2　分析事故原因

1.2.5.3　排除故障

1.3　处理异常事故

1.3.1　停止作业

1.3.2　报告有关部门

1.3.3　保护事故现场

1.4　交接班处理

1.4.1　停止设备

1.4.1.1　停止机器运转,清除余料

1.4.1.2　恢复各操作手柄、阀门、开关位置

1.4.1.3　切断电源、气源

1.4.2　清理现场

1.4.2.1　清除污染物品、垃圾

1.4.2.2　清扫工作现场

1.4.2.3　擦净各操作面、工作台面等

1.4.2.4　上油保养

1.4.3　填写交接班记录

2. 特殊工种(工艺)操作

2.1　工作准备

2.1.1　检查着装

2.1.1.1　带上防护镜

2.1.1.2　穿好工作服

2.1.1.3　戴上工作帽

2.1.2　查验交接班记录

2.1.3　进行"点检"

2.1.3.1　检查电气控制系统、安全报警保护系统

2.1.3.2　检查润滑系统、液压和气压系统、密封系统

2.1.3.3　检查温度、压力、液位参数

2.1.3.4　检查各开关、手柄位置

2.1.3.5　开机低速运行、检查各部分运转情况

2.1.4　工艺准备

2.1.4.1　准备相关的配料单和工艺卡等工艺文件

2.1.4.2　将工具摆放整齐

2.1.4.3　准备器具、量具、辅具和容器、罐体清洗吹空

2.1.5　安装辅件、设备调校

2.1.5.1　检查安全阀、安全门状态

2.1.5.2　仪表调零、校准,设备调平

2.1.5.3　选择安装合适的组合辅具和专用辅具

2.1.5.4　分析计算各传感器、定位器、限位器的误差

2.2　数控编程***

2.2.1　编程前分析工艺流程图及相关要求

2.2.1.1　确认产品、原料及要求

2.2.1.2　查看是否有现有程序

2.2.1.3　查看图纸、工艺卡是否可以编制生产程序

2.2.1.4　复核编程参数并检查相应计量检测器范围

2.2.1.5　复核报警、停车参数,计算并设定生产时间

2.2.2　编制数控程序

2.2.2.1　确定程序编制的次序

2.2.2.2　确定装料方案

2.2.2.3　确定加料顺序

2.2.2.4　确定输送路线

2.2.2.5　选择磅、泵编号

2.2.2.6　选择单次用量和泵给量

2.2.3　调试程序

2.2.3.1　试运行此程序

2.2.3.2　检查并修改数控程序

2.2.3.3　测量生产所需时间

2.2.4　保存备用

2.2.4.1　将程序设置建立成文件保存

2.2.4.2　画流程图

2.3　实施反应操作

2.3.1　检查数控系统

2.3.1.1　检查程序

2.3.1.2　检查工段单元坐标系,使其与程序坐标系对应

2.3.1.3　检查设定仪表

2.3.1.4　检查输送单元和输送速率,查漏检堵

2.3.1.5　检查装置状态和各开关、保险、限位装置的位置

2.3.2　模拟试运行

2.3.2.1　关闭防护门、启动装置、各参数回零或巡检

2.3.2.2　检查调整流程控制点

2.3.2.3　检查调整温度、压力、液位等参数,以及输送参数、运动流程

2.3.2.4　检查装置是否密封,查漏检堵

2.3.2.5　调节、紧定锁定装置、工具

2.3.3　实施加工过程

2.3.3.1　运行程序

2.3.3.2　观察装置运动及输送方向

2.3.3.3　调节输送倍率

2.3.3.4　清除废液废渣

2.3.3.5　检查单元质量、产率、转换率

2.3.4　处理装置故障

2.3.4.1　停机

2.3.4.2　排除故障或通知维修人员

　2.4　处理异常事故

　　2.4.1　停止作业

　　2.4.2　报告有关部门

　　2.4.3　保护事故现场

　2.5　交接班处理

　　2.5.1　停止作业

　　　2.5.1.1　停机

　　　2.5.1.2　将装置恢复到起始要求状态

　　　2.5.1.3　将各开关、按钮恢复到非工作位置,查漏检堵

　　　2.5.1.4　切断电源

　　2.5.2　清理现场

　　　2.5.2.1　打扫工作场地

　　　2.5.2.2　擦拭、维护与保养装置

　　2.5.3　填写交接班记录

3. 安全注意事项及规程

参照设备说明书、工艺说明书、原料说明书、安全操作规程

1.3　化学工艺专业工作任务分析及职业能力的特点

1.3.1　化学工艺专业工作任务分析

在教学内容的设定上,采用DACUM(职业岗位能力分析)及WPA(工作现场分析)方法进行职业能力和工作任务分析,依据化工企业的四个特征,以培养化工总控工为主要培养目标和核心模块,同时将煤化工、石油炼制、精细化工、基本有机化工、无机化工、化学肥料作为扩展模块(表1-2)。

表 1-2　分类模块、综合职业能力及专项职业能力任务统计表

分类模块	综合职业能力	专项职业能力任务
核心模块	8 项	85 项
煤化工模块	7 项	68 项
石油炼制模块	3 项	53 项
精细化工模块	5 项	51 项
基本有机化工模块	5 项	13 项
无机化工模块	3 项	51 项
化学肥料模块	4 项	39 项

以培养化工总控工为例,要求本专业的学生应具有 8 项综合职业能力及 85 项专项职业能力任务见表 1-3。

表 1-3　8 项综合职业能力及 85 项专业职业能力

A. 操作及维护化工生产常用设备	操作与维护工艺阀门 A—1 2 3
	操作气体储罐 A—2 2 3
	操作液体储罐 A—3 2 3
	操作与维护液封 A—4 1 3
	操作与维护过滤器 A—5 2 3
	操作与维护疏水器 A—6 1 3
	操作与维护分离器 A—7 2 3
	操作列管式换热器 A—8 2 3
	操作板式换热器 A—9 2 3
	操作与维护离心泵 A—10 2 3
	操作与维护往复泵 A—11 2 2
	操作与维护离心式压缩机 A—12 3 3
	操作与维护往复式压缩机 A—13 3 3
	操作与维护螺杆压缩机 A—14 3 3
	操作与维护真空泵 A—15 3 3
	操作与维护喷射泵 A—16 2 2
	操作与维护罗茨风机 A—17 2 3
	操作与维护叶轮式风机 A—18 2 3
	操作与维护搅拌机 A—19 2 3
	操作与维护离心机 A—20 3 2
	操作与维护板框压滤机 A—21 2 2
	操作加热炉 A—22 3 2
	操作釜式反应器 A—23 3 3
	操作固定床反应器 A—24 3 2
	操作流化床反应器 A—25 3 2
	操作塔式反应器 A—26 3 2
	操作板式塔 A—27 3 3
	操作填料塔 A—28 3 3
B. 控制化工生产单元	操作反应系统 B—1 3 3
	操作蒸发系统 B—2 3 2
	操作精馏系统 B—3 3 3
	操作吸收与解吸系统 B—4 3 3
	操作吸附系统 B—5 2 2
	操作萃取系统 B—6 3 2
	操作干燥系统 B—7 3 3
	操作沉降分离系统 B—8 2 2
	操作汽提系统 B—9 2 2
	操作水洗系统 B—10 2 2

续表

B. 控制化工生产单元	操作膜分离系统 B—11 2 2 操作制冷系统 B—12 3 3 操作废热回收系统 B—13 3 2 操作循环水系统 B—14 2 3 操作蒸汽冷凝液系统 B—15 3 3
C. 使用现场化工仪表	使用玻璃板液位计 C—1 1 3 使用磁翻板液位计 C—2 1 3 使用转子流量计 C—3 1 3 使用椭圆齿轮流量计 C—4 1 3 使用弹簧管压力计 C—5 1 3 使用玻璃管温度计 C—6 1 3 使用双金属温度计 C—7 1 3
D. 使用控制仪表	操作集散控制系统——手动控制 D—1 3 3 操作集散控制系统——自动控制 D—2 2 3 操作集散控制系统——查询历史信息 D—3 1 3 投用与解除联锁 D—4 3 2 操作 PLC(可编程控制器)控制系统 D—5 3 3 操作Ⅲ型控制仪表 D—6 3 3
E. 识图与制图	识读工艺方块图 E—1 1 1 识读 PFD 图(工艺流程图)E—2 2 3 识读 PID 图(工艺仪表流程图)E—3 3 3 识读设备简图 E—4 2 2 识读管道单线图 E—5 2 1 绘制工艺方块图 E—6 3 1
F. 使用安全设施	使用个人防护用品 F—1 1 3 使用空气呼吸器 F—2 2 1 使用防毒面具 F—3 1 1 使用洗眼器 F—4 1 1 选择使用灭火器材 F—5 2 1 检查呼吸阀 F—6 2 2 使用测爆仪 F—7 1 2 维护防爆膜 F—8 2 3 操作 ESD 系统(紧急停车系统)F—9 3 2
G. 使用环保设施	使用除尘器 G—1 2 2 使用隔油池 G—2 2 2 调节废水酸碱度 G—3 2 2 使用通风装置 G—4 1 2

续表

H．通用能力	工艺计算能力 H—１３３
	应急处理能力 H—２３２
	人际交流能力 H—３３３
	语言表达能力 H—４３３
	计算机操作能力 H—５３２
	遵守行业法规 H—６２３
	团队合作能力 H—７３３
	专业外语阅读能力 H—８３１
	基础分析检验能力 H—９３２
	文字表达能力 H—１０３

说明：以 A—１２３为例，式中的 A 为模块序号，1 为该模块的分项序号，2 表示难度（简单为 1，一般为 2，较难为 3），3 表示频率（偶尔用为 1，一般用为 2，经常用为 3）。

1.3.2　化学工艺专业学生职业能力的特点

1．工程性

学生的工程能力是特指学生的综合素质在工程实践活动中表现出的实际本领和能力。中等职业教育的培养目标是培养生产一线的应用型、操作型、技能型的人才。一名现代化工工程从业人员除具备一般能力外，还应具备以下五个方面的能力：①化工设备的应用及故障的排除能力；②工艺计算、设备计算及工程设计能力；③看图和制图能力，化工生产与各种图纸是密不可分的；④化工仪表、自动控制系统的应用能力；⑤化工实验操作能力。

2．综合性

化工生产的基本特点是技术密集、工艺复杂、产品科技含量高、设备和工艺不断更新、产品换代迅速。化学工艺专业向众多新兴产业的广泛渗透导致专业界限更加淡化，文、理、工、商、管之间的知识相互渗透，已成为国际化的趋势。化学工艺专业从专门化专业拓展为通用的过程工程专业，是与高科技最密切相关的过程专业之一，化学工艺专业范围的扩大和跨学科的发展越来越明显，这就要求学生应了解工程与社会间的复杂关系，能具备一定的跨学科合作的协调和合作能力，能适应和胜任多变的职业领域，需具备终生学习能力。

3．人本性

人本理念的实质是人类一切活动都要以人的生存、安全、自尊、发展和完善的需要为出发点和归宿。由于化工行业具有高温、高压、有毒、有害、易燃、易爆环境下的工作的特殊性，从事化工工作将意味着奉献更多、危险更大，随时随地都有可能发生危险、出现意外。化工从业人员不仅要能吃苦耐劳、严守纪律、有高尚的职业道德,还要有过硬的专门知识。例如,具有处置化工生产中突发事故的应急能力,有临危不慌的心理承受能力,时刻要有"以人为本"、"安全第一"、"绿色化工"的理念。

4. 创新性

由于现代科技日新月异,化工技术更新快,新理论、新工艺不断涌现。化工行业是直接面对市场的,随着世界经济一体化进程的加快,市场的需求是非常高的,变化也越来越快。在化工生产中新产品的开发对企业的生存和发展极为重要,这就需要企业不断创造性地解决问题,以适应这种变化,所以化工技术型人才需要有创新精神和开拓能力。化学工艺流程的革新、化工产品加工方法的创造、化工企业管理形式的变革等都需要有这种职业能力。

第 2 章　化工类专业的一般教学法和教学媒体

2.1　化工类专业的一般教学法

2.1.1　讲授法

在教学中,讲授法是一种最基本、最重要的教学方法。对它的掌握和运用最能体现教师的基本素质。它是指教师通过语言系统连贯地向学生传授知识。

从语言上看,运用讲授法需要注意语言的科学性、艺术性和感染力。根据讲授内容的不同,讲授又可分为描述和论证。讲授内容是化学史、实验现象、经验事件时,经常采取描述的形式;当讲授内容是化学原理和概念时,通常采用论证的形式。按照逻辑思维来看,讲授法又可呈现出归纳和演绎两种思路。化学教材中归纳和演绎兼而有之,是选择归纳讲解还是演绎讲解需要根据教材内容而定。

按照认识事物的侧重面不同,讲授法还可分为分析和综合两种形式。着重从部分去认识事物整体时,是采用分析的形式;着重从整体把握事物时,主要是综合的形式。

讲授内容有偏于陈述的,有偏于分解的,有偏于阐述观点的,因此讲授又可以分为讲述、讲解、讲演等。需要根据教学内容、学生特点和当时的环境灵活运用。运用讲授法时要特别注重引导和启发学生思考,并与其他教学方法相结合,可以避免出现"填鸭式、注入式"。

2.1.2　演示-观察法

从认知效果来看,将直观的认知对象尽可能地摆在学生眼前,有利于学生理解和记忆——能用眼睛看得到,从而减轻了思维的负担。

教师通过展示实物、直观教具、影像材料或化学实验为学生准备丰富的感性材料,学生通过观察获得感性认识,再经过思维加工,理解和掌握化学知识。演示通常有两种形式:①静态展示,主要是使用模型、实物、图画、照片等;②动态展示,包括实验演示、动作示范、幻灯、投影、电影、电视等,变静态为动态,课堂直观程度更高。

下面这个教学片段,可以帮助你了解演示-观察法在化工类专业教学中的具体应用。

"流体黏度"教学方法的选择

[**演示**] 水和植物油的区别(如图 2-1 所示)

(1) 介绍仪器、药品,强调用"水和植物油"。

(2) 指出把两个烧杯中的液体分别倾倒,并计时。

(3) 根据计时结果进行分析判断。

(4) 启发学生观察主要现象、分析事实、思考问题(见投影)。

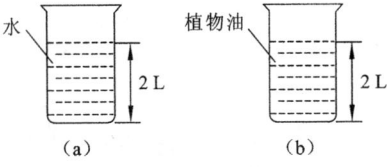

图 2-1 水和植物油的区别

[**现象**] 植物油流出的速度慢一些;水流出的速度快一些。

[**解释**] 在这个实例中蕴涵着流体黏性的理论知识,流体黏性的产生是由于流体内部存在内摩擦力,植物油的内摩擦力要大于水的内摩擦力,因此植物油的流动性要比水差。

[**评注**] 在做好典型演示实验的基础上,提出富有启发性的问题,让学生思考、解答。这是充分发挥实验的多种功能,提高化学教学质量的好办法。通过实例,专业课教师就可以避开传统抽象的教学模式,使教学效果更加艺术化、形象化,同时学生也能运用理论联系实际的学习方法,从而起到事半功倍的双重效果。

(摘自杨强. 2011 生活实例在中职化工专业理论教学中的应用. 成才之路,(29):0022.)

使用演示—观察法时,应注意:①做好演示前的准备,选择典型的实例,演示实验应先试做一遍;②使学生明确演示的目的、要求与过程,使他们积极主动地观察与思考。

2.1.3 实验-探究法

在化工教学中,让学生亲自动手实验,既是化工学科特点所要求的,也是职业教育所倡导的学习方式之一。实验-探究法是在教师的指导下,学生对某一问题通过实验探索,获取知识、发展能力。

下面这个教学片段,可以帮助你了解实验-探究法在化工类专业基础课无机化学教学中的具体应用。

◇**案例研讨**◇

由一道练习题引出的实验探究活动——教学案例分析

[**师**] 我们已经知道,钠是一种化学性质很活泼的金属,它在"金属活动性顺序

表"中排在第三位。现在,请大家思考这个问题:"用钠单质能否顺利置换出硫酸亚铁溶液中的铁?"

[板书]思考:用钠单质能否顺利置换出硫酸亚铁溶液中的铁?

[学生]交头接耳、相互讨论,然后有些学生大声回答:"能!"(绝大多数学生表示出对这一答案的首肯)

[师]你们的答案是否正确呢?下面让我们通过实验来验证。

[板书]第一组实验:在一个盛有小半杯蒸馏水的小烧杯中投入一块米粒般大小的金属钠(预先除去外皮和吸干煤油),待反应完毕后把所得溶液与另一个小烧杯中的硫酸亚铁溶液相混合。认真观察现象并做翔实的记录,把实验记录抄到黑板上。

[第二组实验]在一个盛有大半杯硫酸亚铁溶液的小烧杯中投入一块米粒般大小的金属钠(大小与第一组相当,预先除去外皮和吸干煤油)。认真观察现象并做翔实的记录,把实验记录抄到黑板上。

[第三组实验]在一个盛有大半杯硫酸铁溶液的小烧杯中投入一块米粒般大小的金属钠(大小与第一、二组相当,预先除去外皮和吸干煤油)。认真观察现象并做翔实的记录,把实验记录抄到黑板上。

[师]下面请6名同学到讲台上来和老师一起进行实验。(课堂气氛一下子活跃起来,同学们纷纷举手、跃跃欲试,最后大家一起选出了6名学生。我把这些学生分成三组,在老师的指导下进行分组实验)

当所有的实验现象都产生时,整个教室沸腾了,课堂气氛达到了高潮。还未等老师喊开始,学生们已经迫不及待地展开了激烈的讨论。最后,学生们自然而然地得出了正确的结论:当把钠单质投入硫酸亚铁溶液中时,钠单质首先跟水反应生成氢氧化钠,氢氧化钠再跟溶液中的硫酸亚铁反应生成氢氧化亚铁沉淀,氢氧化亚铁在氧气的氧化下最终变成氢氧化铁沉淀。

(摘自 http://www.jydoc.com/article/888699.html 2008.2.25)

运用实验-探究法时要注意以下几点:①选择主干知识或问题点作为探究内容;②精心设计,充分准备,使实验具有探究性;③分组实验与演示实验相结合,解决时间紧张的问题;④指导学生做好探究活动,进行表达和交流。

2.1.4 谈话-讨论法

谈话-讨论是师生之间的直接交流,也是距启发式最近,距注入式最远的一种教学方法。它是指教师按一定的教学要求向学生提出问题,要求学生回答,通过问答的方式引导学生获取或巩固知识的方法。可以分为复习式谈话-讨论和启发式谈话-讨论。

下面这个教学片段是谈话-讨论法在化工类专业教学中的具体应用。

◇**案例研讨**◇

换热器的原理

[**老师**] 大家都在生活中见过暖气片,大家知道暖气片的散热原理吗?

[**学生** 1] 利用热水循环,然后传热。

[**老师**] 是怎么传热的呢? 直接把热量传给冷空气吗?

[**学生** 2] 这种说法不太正确。

[**老师**] 怎么不太正确了?

[**学生** 2] 因为热量传递的方式主要有对流传热、热传导及辐射传热三种。

[**学生** 3] 暖气片中的热流体由于温度较高,首先以对流传热的方式传递给暖气片的内壁,暖气片内壁吸收热量后温度升高,从而又以热传导的方式传递给暖气片的外壁,暖气片的外壁吸收暖气片内壁传递的热量后温度会升高,最后才是暖气片的外壁以对流传热的方式把热量传递给暖气片外的冷流体(冷空气)等。

[**老师**] 你怎么发现的呢? 说说。

[**学生** 3] 我家里装了暖气,我曾经把暖气片拆开研究过。

[**老师**] 同学们发现得还真不少,说明你们很不简单呐。

[**老师**] 由此可见,生活中的暖气片传热的原理并不是凭借三言两语就能解释完整的。

(摘自杨强. 生活实例在中职化工专业理论教学中的应用——成才之路. 2011.)

运用谈话-讨论法时要注意以下几点:①提出的问题应集中在重点内容和关键问题上;②问题应具启发性,引起学生积极思维;③提问要面向全班学生,并留给学生一定的思考时间;④应根据问题的难易程度,请知识、能力水平相适应的学生回答;⑤教师要及时做好总结,突出谈话讨论的目的。

2.1.5　引导-发现法

引导-发现法是在教师的指导下,让学生按照自己观察和思考事物的特殊方式去认知事物,理解学科的基本结构,或借助教材及教师提供的有关材料去亲自探索,"发现"得出结论和规律性知识,并培养提出问题和探索发现能力的过程。在布鲁纳看来,发现包括用自己的头脑亲自获取知识的一切方式,如学生对本知世界的探索以及学生对人类已知而自己尚未知道的事物与规律的再发现,在本质上是一种顿悟、领悟,布鲁纳称之为直觉。

◇案例研讨◇

"伯努利方程"引导-发现教学法

[设计构想]

课堂一开始,在将以前的内容作一概括总结和回顾的基础上,应从中抽出一个引中问题,它应是上节课知识的延续,又是本节课新知识的开启;它要既具有结论性,又具有趣味性,要能迅速抓住学生的好奇心和兴趣。

[教学程序]

创设情境——→自主学习——→小组交流——→师生交互——→强化练习

确定问题　　尝试解决　　协同学习　　评价矫正　　巩固提高

[创设情境,确定问题]

(1) 分组讨论1。在两张竖直的纸中间吹一口气后两张纸是先离开还是先靠拢?

(2) 分组讨论2。常言道"人往高处走,水往低处流",水能不能由低处流向高处?能不能由低压容器流向高压容器?

(3) 提供事实。推出伯努利方程,运用方程解释答案。

[教师提出问题]

(1) 在足球赛场,经常看到裁判罚前场直接任意球,每当这时,通常是五六个防守方球员在球门口组成一道"人墙",似乎严严实实地挡住了进球路线。只见进攻方的主罚队员,助跑后起脚一记劲射,球从"人墙"的上方或两侧绕过,眼看就要偏离球门飞出,却又沿着弧线拐过弯来直入球门,让守门员措手不及,这就是颇为神奇的"香蕉球",谁能解释?

(2) 在其他球类运动中,如乒乓球中,运动员削球或拉弧圈球是不是这个原理?

(3) 1912年秋天,"奥林匹克"号在与"豪克"号巡洋舰平行航行时,虽然两者相距100米,"豪克"号也很小,可是小船好像被大船吸了去似的,一点也不服从舵手的操纵,竟一个劲地向"奥林匹克"号冲去,最后"豪克"号的船头撞在"奥林匹克"号的船舷上,把"奥林匹克"号撞出个大洞。

(4) 如何解释事实(1)、(2)、(3)?

[自主学习尝试解决]

学生:

尝试解决问题1⇌否 自学教材及相关资料

↓是

尝试解决问题2⇌否 自学教材及相关资料

↓是

……

教师：组织指导学生自主学习。

[小组交流协同学习]

　　学生交互，观点交锋，自我评价、修正。教师组织，必要时可师生交互参与讨论。

[师生交互评价矫正]

　　教师针对学生存在的共同问题以及讨论过程中提出的质疑进行解释，对各小组及学生个体的学习进行评价激励。学生矫正偏差，找出差距，树立学习的自信心。

[强化练习巩固提高]

　　（略）

　　（摘自陈燕黎.伯努利方程的原理及运用浅析.漯河职业技术学院学报，2012，(11).

　　运用引导-发现法时要注意以下几点：①学生智能。一般来说，学生的智能发展水平越高，使用发现教学法的效果越好；②学习材料的难度。越是有丰富内涵的材料，由学生自己进行发现式的学习就越有必要；③教师指导的多寡。如果学习材料难度较大，学生自己发现有困难时，就需要教师给予适当的指导，但指导不能过多，否则就与发现教学的初衷相违背，不能达到培养学生的智慧技能，帮助学生学会自己学习的目的。

　　发现法适合低年级，适合基础概念或原理，有助于学生远迁移能力的培养，其缺点是费时间，课堂上难以掌握。在传授基础知识、基本技能方面，发现法不如讲授法、实验-观察法的效果好，但它在培养学生解决问题的能力、激发学生的好奇心、鼓励学生自我指导学习方面是一种最为有效的教学方法。

2.2　化工类专业的典型教学媒体种类和特点

　　教学媒体指教学信息传递的通道和设备，包括硬件和软件。黑板和粉笔是传统的教学媒体，这里不再赘述，化工类专业所用其他教学媒体的主要种类及特点如下。

2.2.1　实物

　　化学试剂、玻璃仪器、实验室常用器材、小型分析及测量仪器等，主要是教师课堂展示和供学生观看、操作；大型分析及测量仪器、各种单元操作设备及其配件、各种反应器及其配件等，主要用于现场上课和学生实训用。

2.2.2　教学模型

　　化工类专业常用的教学模型有生产装置整体模型、生产工艺流程演示板、各种单元操作设备模型、各种设备的配件及构件、球状或棒状分子模型等。主要用于课堂展示和橱窗陈列。

1. 课堂展示

化工类专业有较多课程需要在教室里讲授,这时的教学模型运用有两种情况,一种是固定的教学模型,如各种分子结构模型、法兰、阀门管件及一些不能演示的设备模型等。在讲授相关内容时,将这些模型配合图片、投影进行展示,增加学生的直观感受,建立立体形象,提高学生对教学对象结构和工作原理的理解。另一种是机构原理和机械产品的演示模型,如离心泵、旋风除尘器等,运用这些模型,可以通过手动操作演示机械的运动原理。这些模型能吸引学生的注意力,引起学生的好奇心,调动学生的学习动机。学生通过观看演示可以更容易地理解设备工作原理,从而提高教学质量。

2. 橱窗陈列

教学模型的另一个重要用途是在学生活动的场所进行陈列展示。例如,在教学楼的走廊、大厅和专门的展示室,可以安装橱窗或陈列柜,展示教学模型,并配以相关的图片和文字,供学生课余或休息时观看、学习。在课堂教学时,由于学生人数较多,教师的展示学生不一定能看得很清楚,有了这些橱柜的陈列展示,便于学生课后仔细观看、探究。同时,在学生活动的场所展示这些教学模型,可以增加学习氛围,让学生一进校就受到专业的熏陶,加强学生对职业的情感。

2.2.3 教学图片

教学图片主要有教学挂图和彩色图片,教学挂图过去主要用于课堂教学,近年来,由于多媒体教学设备的发展,已很少使用。彩色图片主要用于课堂教学和橱窗展示,目前由于前述同样的原因,课堂教学已较少使用,但在橱窗展示方面仍在广泛使用。图片价格便宜,内容可以很丰富,和教学模型配合展示,可以弥补教学模型的不足。最常用的是元素周期表、典型的生产工艺流程图等。

彩色图片的类型很丰富,多数图片可以到厂商那里购买,也可以根据自己教学的需要自行设计订做。

2.2.4 多媒体教学课件

多媒体教学课件,也称为计算机辅助教育(computing aided instruction)课件,简称 CAI 课件,是基于 WORD、PPT、投影仪、录音机,以及 SWF 动画等手段的一体计算机辅助系统教学课件。它的主要功能是教学,所以包括课件中的教学内容及其呈现,教学过程及其控制应有的教学目标;同时,CAI 软件又是一种计算软件,因此,它的开发、应用和维护是按照软件工程的方法来组织和管理。

目前由于计算机技术的发展,课堂上使用 CAI 课件已较普遍,板书的主要功能有被屏幕代替的趋势。这是社会的进步,只要应用得当,教学效果将大大提高。但必须指出的是,若 CAI 课件制作、应用不当,则可能降低教学效果。CAI 课件的制作与应用已逐步成为一个合格专业教师的必备条件,下一节将专门讲授这个问题。

2.2.5　交互式电子白板

交互式电子白板又称数码触摸屏。其功能在于可以通过触摸板面对相连的电脑主机进行操控。投影机将电脑的屏幕影像投射到电子白板上,使用者触碰电子白板板面即可操控电脑。在电子白板连接的电脑上运行各种应用操作程序,可以直接实现笔迹书写、图形绘制、文字输入、文件调用、删除复制、保存图像、遮挡、视频回放、直接打印等多种演示功能。运行特定的应用程序,配置交互式电子白板及高清摄像头,可实现远程可视网络会议。此处只介绍它在教学方面的应用。

1. 交互式电子白板推动教学创新

随着科技的飞速发展,教学设备也发生着革命性的变化,由以前的"黑板+粉笔+板擦"教学模式,变成现在的交互式电子白板,如图 2-2。电子白板的出现,融合了传统的教学与当前的信息技术,把传统教学与计算机、网络、软件等现代教学结合起来。在传承了百年来教育习惯的同时,满足了时代发展的需求,从而实现了真正意义上的电子教学。俗话说"兴趣是最好的老师",交互式电子白板正好做到了这一点。

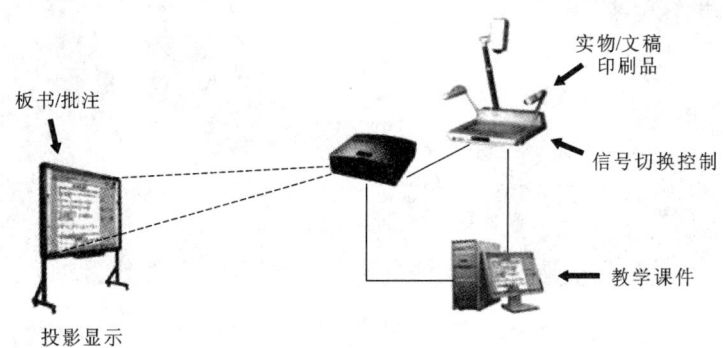

图 2-2　电子白板示意图

电子白板能有效提高学生的注意力和理解力,在学生学习一些比较抽象的知识和概念时,为学生提供了多种分析和解决问题的方法和思路。白板操作工具中独有的拖放功能、照相功能、隐藏功能、拉幕功能、涂色功能、匹配功能、即时反馈功能等,更加提高了视觉效果,更有利于激发学生的兴趣,同时多元化、智能化地调动学生积极参与学习过程。交互白板易学易用,再加上现代信息技术教育的日益普及,学生的参与意识大大增强,很多学生通过观察教师上课使用和自己在课间的尝试,对白板功能的掌握甚至比教师还快。此时,便可因势利导,鼓励学生结合他们在信息技术课程中所学的知识,协助教师设计课堂教学中所需的资源。这些资源可以是交互白板活动挂图中的背景、页面或图像,也可以是 Flash 动画,还可以是课程中使用的各种几何图形、仪器设备图等。从而实现了以学生为中心的教学目的。

交互式白板的简易操作性,使教师离开了计算机操作台,又可以像过去面向学生站在黑板前一样了(图2-3),这个变化使教师从远离集体又回到学生集体当中,每当教师在计算机操作台前演示课件时,教师在讲台的走动和时间的延迟,很容易对一些注意力不易集中的学生造成冗余信息传递而破坏他们对知识内容的关注和理解。学生对白板关注的增多加强了集体共同参与的学习过程,教师也变成整个学习集体中的一员,不再是远离学生的、躲在设备后的软件或设备的操作者,学生在无意识中达成了更多的与老师和同学在情感上的交流沟通,学习兴趣也随之提高。正所谓"科技以人为本",交互式电子白板进入课堂,解决了传统的黑板与信息技术的不兼容性,显示出以往任何教育信息技术无可比拟的优越性。相信交互式电子白板将会给孩子的学习带来更多的乐趣和收获。

图 2-3　教师可以像过去一样面向学生

2. 交互式电子白板的主要功能

(1) 使用交互白板技术能即时、方便、灵活地引入多种类型的数字化信息资源,并可对多媒体材料进行灵活的编辑组织、展示和控制。它使得数字化资源的呈示更灵活,也解决了过去多媒体投影系统环境下,课件和幻灯讲稿教学材料结构高度固化的问题。

(2) 交互式电子白板能实现板书内容即时存储。写画在白板上的任何文字、图形或插入的任何图片都可以被保存至硬盘或移动存储设备中,供下节课、下学年或在其他班级使用,或与其他教师共享;也可以以电子格式或打印出来分发给学生,供课后温习或作为复习资料。

(3) 交互白板技术使得以前色彩单调,教学呈现仅止于手写文字和手绘图形的黑板变得五彩缤纷,既可如以往一样自由板书,又可展示、编辑数字化的图片、视频,这将有利于提高学生的学习兴趣,让教学富有成效。

（4）交互白板的应用使教学过程中对计算机的操作更加方便,白板系统与网络、其他计算机应用程序互补,促使师生共同运用计算机作为认知和探索发现的工具,这必将构建学生新的认识和解决问题的思维方式。

3. 交互式电子白板教学应用方案

1）构建课堂互动探究学习平台

交互式电子白板适用于课堂中的探究学习,教师可以通过交互式电子白板构建学习情境,并且可以通过交互式电子白板更为清晰地呈现学习任务与探究目标,通过交互式电子白板特有的功能,可以使学习内容与学习任务不断地细化与深入,同时学生可以通过交互式电子白板提供的学习平台,在协作沟通的基础上完成学习的探究活动。

2）构建课堂互动协作学习平台

交互式电子白板与传统的课堂结合,将更好地构建课堂协作环境。交互式电子白板给予教学内容多方位的展示,引发学生积极参与,更好地促进学生与学生之间,教师与学生之间的沟通与协作。交互式电子白板能成为教师在课堂上展示学习任务的工具,也能成为小组协作的支持工具与展示工具。

3）构建课堂互动实验参与平台

交互式电子白板应用于传统的实验教学环境中,将实验教学过程中的教师、学生、实验器材、实验过程紧密结合为一体,共同构成一个师生互动的教学应用平台。学生可以通过交互式电子白板,直接参与到实验过程中,将实验过程与内容实时展示给课堂中的其他同学。教师也可以通过交互式电子白板与其他设备的整合,对实验过程进行记录、反思与评价。

4）构建课堂动态展示学习内容平台

交互式电子白板应用于课堂展示教学中,将涉入教学过程的教师、学生、资源、学习内容紧密地结合为一体,共同构成一个师生互动的教学应用平台。教师在课堂中展示教学内容,通过丰富的资源吸引学生积极参与教学,灵活控制课堂的进度和气氛;学生通过交互式电子白板直接参与到实际教学过程中。整个教学过程能利用交互式电子白板与其他设备的整合记录下来,便于反思评价。

2.3　多媒体教学课件的制作与应用

2.3.1　使用多媒体教学的作用

1. 表达方式丰富

表达方式丰富,可以用文字、图形、相片、动画、录像、录音等,是过去的黑板粉笔不能相比的。化学工程与工艺专业的许多教学内容,仅靠黑板的文字无法表达,教师也不便讲授,过去只好用挂图和模型来辅助教学。挂图的张挂与更换不便,模型的搬运也不方便,CAI课件不仅可以完全代替挂图,部分代替教学模型,还可以用其他表达方式,使学生直观地看到化工设备的内部结构和工作原理,比仅仅用挂图、模型和文字表达有效得多。

2. 有利于师生健康

CAI课件的使用减轻了教师书写黑板的劳动,还更加环保,大大减少了教师和学生对粉笔灰的吸入量,对师生的身体健康有利。

3. 提高学生的学习兴趣

CAI课件使学生更容易理解教学内容,学生的学习动机自然容易调动起来。而且,比起"黑板+粉笔"的传统教学,多媒体课件的精美图片、形象生动和不断变换的画面、内容丰富且声情并茂的声像资料等,都有助于吸引学生的注意,引起学生兴奋、愉悦的感受,更易激发他们的学习兴趣,调动他们学习的积极性。

4. 增强感官效应,提高学习质量

人的学习过程是通过自身的眼、耳、鼻、舌、身等主要感觉器官把外界信息传递到大脑,经过分析、综合而获得知识与经验的过程。心理学实验证实,人类获取的信息83%来自视觉,11%来自听觉,这两个加起来就有94%。多媒体技术中的文字、图像、动画、视频可以作用于视觉,旁白解说、示范朗读、背景音乐等可以作用于听觉。因此,在教学中使用多媒体技术,有助于学生增进记忆和提高学习质量。

5. 知识、信息量加大,提高学习效率

使用多媒体课件,上课时不但能按顺序播放一张张幻灯片,而且还可以通过"超级链接"的功能,随时看到其他的文件(幻灯片、文档、图片、动画、录像)或返回前面的幻灯片,甚至可以链接到网上,十分方便快捷。这不仅可以节省大量的板书时间,而且大大地扩展了课堂教学的内容,使单位时间内的信息量大大丰富,学生在有限时间里学到更多的知识,从而提高了学习效率。

2.3.2 课件的制作

随着计算机应用领域的不断扩大,利用多媒体课件辅助教学已经逐步成为一种非常有效的现代化教学手段。要想用好这个手段,首先要会制作多媒体课件。对化工类专业来说,更有必要。化工类专业的很多内容无法仅用文字和语言来表达。例如,关于化工生产过程的学习,汇集了化学反应原理、反应现象、反应设备结构、反应条件控制等多方面的因素,很难用一张图表或简单的语言集中表达出来。在多媒体教学手段出现以前,只好采用图形或图形加模型来表达,现在有了多媒体教学手段,这些问题都很容易解决,前提是要制作好的CAI课件。

1. 如何选择合适的开发平台

课件的开发平台种类较多,选择使用方便、功能强大的软件平台制作课件,可以收到事半功倍的效果。不同的开发平台功能不同,一定要根据课程的类型及内容选择合适的课件平台,切不要千篇一律地使用一种软件,如 Microsoft PowerPoint。若选用不当,会降低多媒体教学效果和学生的学习兴趣。

(1) 建议初学者选择 Microsoft Office PowerPoint 做课件开发平台。Microsoft PowerPoint 功能强大、操作简单、使用方便,具有多种幻灯片配套模板,能很方便地制作"讲义式"、"幻灯片式"的课件。Microsoft PowerPoint 具有一些现成的动画效果菜单命令,能很方便地设计动画文字和图形,动画形式已固定,比较简单。另外也可以直接在幻灯片上画图。鉴于课堂演示展示型较多,对于一般性课件,教师可以用 Microsoft PowerPoint 这样的软件进行简单开发,其功能较强大,易于操作,为我们制作课件中的动画提供了极大的方便,较短时间便可以完成一课时课件,以后更改、完善也很便利,实用性较强。因此建议初学者首先学会 Microsoft PowerPoint 平台的课件开发。同时,学会了 Microsoft PowerPoint 课件开发,也为进一步开发更高级的课件打下了基础。此外,Microsoft 的 Office 套件中不仅仅提供了根据模板制作课件的功能,并且提供编程的平台,可以采用微软提供的 VBA 脚本语言,对课件编写程序,按照课程逻辑思路设计程序,将程序与课件融合一体,可以大大提高课件的交互性、趣味性,提高学生的学习兴趣,使学习效果事半功倍。

对某些没有掌握 AutoCAD 的教师来说,用 Microsoft PowerPoint 开发课件时,图形的绘制是一件较困难的事。一个简便办法是用扫描或照相的方法将需要的图形制成图片或照片,同样可以在 Microsoft PowerPoint 开发的课件中应用,只是没有 AutoCAD 直接绘图的效果好。从长远来说,制作课件是专业教师必须掌握的基本技能,中青年教师最好掌握 AutoCAD 的应用。

(2) 虽然说 Microsoft PowerPoint 功能强大、操作简便,但其缺点是缺乏各种特殊效果,动画制作能力太差。而一些教学需要带有复杂动画的课件,则要用 Adobe 公司开发的 Authorware 这样的平台来做,这是一个基于流程图的多媒体创作工具。其特点是功能强大,配以丰富的函数实现灵活多变的媒体编排和系统导航,操作容易,是最好的多媒体系统集成工具。如果需要较复杂的跳转和一些特效,就可以利用方正奥思和 Microsoft PowerPoint 搭配使用来完成。

(3) 如果你想得到高质量的动画效果和强大的交互性课件,不妨试一下 Adobe 公司开发的 Flash,它是一个网页交互动画制作工具。与 gif 和 jpg 不同,用 Flash 制作出来的动画是矢量的,不管怎样放大、缩小,它还是清晰可见的。用 Flash 制作的文件很小,便于携带,而且它采用了流技术,只要下载一部分,就能欣赏动画,并且能一边播放一边传输数据。交互性强更是 Flash 动画的迷人之处,可以通过点击按钮、选择菜单来控制动画的播放。此外,Flash 不仅可以用来制作课件,而且可以将整个课堂活动以 Flash 形式展示出来,如将课堂提问、课前测试、教学内容、课后测试等融合为一个大型的多媒体课件。可以说,Flash 的功能是相当强大的。Flash 自身携带了 ActionScript 脚本语言,它为程序开发人员提供了一个平台,教师可以将自己的教学活动用程序去实现,此项功能要求教师要有一定的编程基础,且在考虑实现这项功能时,一定要考虑到多媒体课件的可维护性、可扩展性等。

（4）我们也可以采用 Adobe 公司开发的 Dreamweaver 制作 Web 形式多媒体课件，而 Web 可以将文字、图片、Flash 动画、文件、影视等集成在一起，表现形式更为丰富。若课件以网页的形式发布，那么学生随时都可以进行网上学习。此外，也可以通过后台程序的控制，制作课件、复习、试题、成绩分析、学生评价集为一体的大型多媒体课件。

2. 课件制作中应注意的问题

1）尽可能自己制作课件

课件反映了教师的教学思路，只有自己制作的课件才能反映自己的教学思想，若应用别人的课件，则不能较好地体现自己的教学思想。对教材附带的课件经自己改制后应用，效果会更好。随着教育事业的发展，制作课件将成为教师的一项基本技能，也是对教师的一项基本要求。

2）逐步呈现内容

澳大利亚新南威尔士大学的认知心理学家约翰·斯威勒教授在 20 世纪 80 年代提出了认知负荷理论。认知负荷是指加工特定数量的信息所需要的心理能量水平。随着所要加工信息数量的增加，认知负荷也会相应地提高。认知负荷主要来源于学习材料的难易程度（内在认知负荷）和材料的外在呈现方式（外在认知负荷），前者由材料本身的性质决定，难以人为改变；对于后者，则可以合理设计信息呈现方式，降低外在认知负荷。

多数学生是在黑板、粉笔条件下接受教育的，教师板书的速度比课件呈现教学内容慢得多，学生已适应这种节拍。用 CAI 课件后，信息量的呈现加快、加大，学生应接不暇，接受困难，因此，降低信息呈现的速度是必要的。在课件上采用逐步呈现内容的方式，增加讲解的时间可以避免这个问题。

3）文字提纲挈领，避免大块文字

根据斯威勒教授认知负荷理论中的"冗余效应"，对于不同来源的信息，人们会以不同的方式来处理。如果信息源提供两个重复的信息，仅利用一种信息来源就可以充分理解其内容，另一种信息即为冗余信息，那么，两个信息源就会相互竞争，从而无谓地消耗认知资源。若教师上课时重复屏幕上的文字，学生的大脑不得不将注意力分配给两个等值的信息源，即既要用眼阅览屏幕上的文字，又要用耳听教师的讲解，这就增加了认知负荷，降低了理解效率。因此，删除那些与教师讲解内容相同的大块文字而仅保留要点，反而可以提高认知效果。有时甚至可以采用空屏的办法来调动学生的注意力。若课件是采用 PPT 制作的，就可以按一下 B 键或 W 键（B 为黑屏，W 为白或空屏），使屏幕变成黑色或白色的空屏，让学生的注意力从屏幕上完全集中到教师的讲解上来。

4）适当采用多种信息表达方式

CAI 课件的优势就在于表达方式多样，尽可能地采用图表、图形、录像、动画来表达课程内容，不仅弥补了语言文字表达的不足，还提高了理解、记忆效率。因为冗余信息虽然会增加认知负荷，但若两个信息是互补的，就会提高工作记忆的使用效率，从而提高教学效果。例如，利用图表进行解说，利用了两种信息呈现形式，图表是视觉，解说是听觉，这样可以充分利用工作记忆中视觉和听觉处理这两个分系统的容量,它们彼此独立,并不存在相互竞争。但必须注意,不可过度。课件背景画面不宜过于复杂,以免对学生的注意力造成干扰。有些需要引导学生思考的教学内容也不能过多地使用动画、视频、图片和声音,若学生光顾着看影片和图片,就难以静下心来深入思考。课件中有声音的出现会增添一份吸引力,但声音过分刺激,会喧宾夺主,容易打断或干扰学生的思维。心理学家告诉我们,人的知觉具有选择性,选择的过程就是区分对象和背景的过程,对象与背景之间的差别越大,就越容易被优先选择。而有些课件在设计时,没有注意字体的大小、颜色是否与背景形成足够的反差,致使在电脑上看得清楚的内容,投到屏幕上却模糊了,影响教学的实际效果。因此,在课件的制作和屏幕设计过程中,要注意科学性和界面友好、色彩柔和、搭配合理,画面要符合学生的视觉心理,配音要注意艺术性,要优美、轻松、恰当。课件制作完成后,一定要在多媒体教室试运行一下,看效果如何,如有问题,及时修改。

2.3.3　目前多媒体教学应注意的问题

从前述可知,使用多媒体进行教学的优势是明显的,但是,一种新生事物的出现,总有一个适应、完善的过程。目前,由于教师制作、使用课件不当和使用设备的水平有限等,多媒体教学有时达不到预期的效果,甚至存在教学效果下降的情况。只要分析研究,找到问题的原因,采取适当对策,这些问题都是可以解决的。

1. 防止课件单调,教师"照屏宣科"

制作多媒体课件不仅需要计算机知识,还需付出较多的艰辛劳动,制作一个好的多媒体课件所花费的时间和精力要远多于传统的备课。部分教师或没有完全掌握课件的制作知识,或不想耗费过多的精力,制作的课件只是文字、图画的简单拼合,界面与流程过于单调呆板;有的是对教材和参考资料的照搬,其思维方式和设计思路仍停留在传统的、陈旧的教学模式上;有的甚至只是简单地把所讲内容的提纲展现在大屏幕上。多媒体教学在语言、手势和表情等表达方式上并不具有优势。有的教师在授课时,只顾坐在电脑前点鼠标,整个教学过程就像在会议上做报告,忽视了师生之间的情感交流,造成师生间情感的缺失。这样的课件不但不能体现多媒体技术所具有的超文本功能、交互功能、网络功能,发挥不了多媒体教学的优势,而且还占用了多媒体教室,造成教学资源的浪费。少数年轻教师依赖课件的内容显示,没有下工夫记忆、钻透授课内容,"照屏宣科",其效果也不如传统的教学模式。所以,任何一种媒体都有其特点和优势。从心理学的角度看,学生在学习过程中一般有两个心理过程:一是认知过程,二是情感过程。若单纯强调某一过程,只会事倍功半。

因此,要使用多媒体教学,首先要掌握课件的制作知识,必须在先进的教学理论指导下,进行精心的教学设计。首先,课件制作不仅要有好的内容,还应尽可能利用电脑的多种表达方式,使人赏心悦目,只有把内容与形式完美结合,吸引学生注意力,才能使学生更容易理解课程内容。其次,在教学时,一定要精心备课,熟悉教学内容,这样,教师上课时不必将精力全都用在教学内容上,自己有余力可以时刻注意学生的听课情况。上课时可面带微笑,经常注视学生,用心和学生进行交流,不操作机器时,要走到屏幕前或走到学生中,拉近与学生间的物理与心理距离。只有这样,才能使多媒体教学的优势与讲授法的优势互补,提高教学质量。

2. 降低讲解速度,增加师生互动

CAI课件的使用加大、加快了信息量的呈现,为了不致使认知负荷增加过大,有意降低讲解速度是有必要的。可以降低语速,并开展师生互动,这样既降低了认知负荷,又提高了学生的兴趣。

3. 适当重复,强调重点

另一个降低认知负荷量、提高认知效率的方法是适当重复讲授内容,强调重点。对PPT制作的课件,只要按一下Ctrl+P就可以将鼠标指针变成一支笔,可以随意写画。需要将这支笔退出时只要按一下Ctrl+H/U即可。可以利用这支笔对重复讲授的内容写画、做记号。

4. 根据需要补充板书

课件制作好了以后,不便在课堂上随意增加内容。但一般多媒体教室仍有黑板,教师可以利用黑板随时对课件作必要的补充。

5. 优化反馈效果

教学反馈是师生沟通的桥梁,利用CAI课件交互性能好的特点,对学生进行有针对性的训练,可以引导学生对问题的正确与否迅速判断,以及时矫正错误认识。

2.3.4 化工类专业的教学环境创设

《国际教学与师范教育百科全书》将教学环境分为物理环境(physical environment)和心理环境(psychological environment)两种类型,它是指一种特殊的环境,是学校教学活动所必需的各物质条件和心理条件的综合体。物理环境主要由学校内部的各种物质、物理因素构成,如校舍、教学工具、空气、水源、光线、颜色、时间、空间等;心理环境是一种无形的心理因素构成的复杂环境,它对师生的心理活动和社会行为,乃至学校的教育、教学活动有着很大的潜在影响。此处不全面讨论教学环境的创设,主要介绍化工类专业的专业环境和职业教育的实训环境的创设问题。

2.3.5 心理环境的创设

1. 职业知识环境布置

为了使学生进校后能尽快地接触、了解、熟悉化工类专业的相关工作、知识,营造专业学习氛围,并进一步产生职业感情,可以对学生的活动场所进行必要的布置。学生活动的场所主要包括教室及周边的走廊、大厅、实验室、阅览室、实训室(实习车间)及周边环境。在学生经常活动、经过的地方,可以进行职业知识、职业环境布置。将教学图片、教学模型张贴、展示在学生活动的场所,有条件的学校可建立展示橱柜,吸引学生注意,引起学生的兴趣,便于学生学习、研讨,形成学习氛围。

2. 行业状况介绍

化工行业的典型产品图片,有关化工行业在国民经济中的地位、作用的文字、图片,化工行业的发展状况的材料,典型企业的图片,先进的生产工艺、新型产品,化工行业职工的工作照片等,可以张贴、展示在橱柜中,对学生了解将来从事的行业,增强职业感情有心理影响。行业的发展与学生的就业有密切关系,了解行业的发展可增强学生的自信心,激发学习动机。

3. 化工行业先进人物的成长历程及事迹介绍

目前我国职业学校的录取分数线是在普通高中之下,除了少数学生思想上明确自己想上职业学校外,多数学生往往认为自己是中考的失败者,上职校是无可奈何的选择,部分学生心情抑郁,感到抬不起头,学习动力不足。针对这种情况,教师应在学生入学时积极引导学生,介绍人才的不同类型,让学生明白学术型人才和技能型人才都是国家所需的,职业学校培养的技能型人才,不仅国民经济建设不可少,而且同样可以取得成就。以实例进行说明较有说服力。将先进模范人物的成长历程和先进事迹制成图片在橱窗中展示,必能起到很好的教育作用。

4. 优秀学生成果展示

本校或本行业职校毕业生的学习成果,如优秀的作业、毕业设计、小制作、小发明等,可以直接或制成图片展示,必能起到很好的心理影响。若能展示自己学校毕业生成才的实例,或请本校校友成才人士现身说法,则更让学生亲切可信。总之,要让学生懂得,在职业学校中同样可以学到知识,造就能力,从而成为国家需要的人才,以此激发学生的学习动力。

2.3.6　化工类专业实训环境的创设

职业教育的物理环境中最重要的就是实训环境的创设。由于职业教育的本质要求,实训环境的好坏往往决定了职业教育的成败。实训环境创设的主体是实训基地的开发建设。职业学校的实训基地划分为校内实训基地、校外实训基地(企业实训基地、公共实训基地)。此处主要讨论校内实训基地的建设。

1. 校内实训基地的建设

企业接受职业学校学生实习,往往希望学生已受过基本技能训练,若学生的基本技能操作训练完全从企业开始,企业付出的成本较大而不愿接受。因此,学生的基本技能训练还得在校内实训基地进行。

职业教育的最终目的是培养学生的技术实践能力,那么,所有课程要素都应当围绕这一目的来展开,专业课程的理论与实践应整合起来为这个目的服务。广义来说,实训基地应当就是专业课的教室,既要能对学生进行技能训练,也具有理论教授功能。对化工类专业来说,实训基地不仅要有实训设备,还应配备讲授场所与设施,把两者结合起来。

1) 校内实训基地的优势

尽管现在很强调工作本位学习(到真实的工作单位学习)和半工半读,强调在真实的工作情境中学习,而校内实训基地的情境不够真实,但它仍有不可替代的教育功能和优势:

(1) 实践与理论学习相结合。校内实训基地由学校主导,实训计划是按专业培养计划来实施,它不仅要完成实际操作,还提供了理论知识学习,这是工作现场学习不易做到的。因为工作现场指导学生的师傅多数不具备讲授理论知识的能力和时间,而校内实训基地的教学人员(双师型教师、实训指导教师或师傅)可以做到这一点。

(2) 训练相对全面。学生的训练服从专业教育计划,可以从不同工种、不同岗位多方训练,学生的技能训练较全面。工作现场学习很难做到这一点,因为企业的生产任务是第一位的,它不愿意实习学生熟悉了某个岗位的工作,又换一个生疏的岗位而降低生产率。

(3) 实践学习环境宽松。校内实训基地无"生产任务"压力,学生的技能学习可以按学习规律逐步进行,对复杂的操作过程,可放慢节拍,反复操作,使学生学到的技能规范、精确,为长远的发展打下基础。工作现场学习由于屈从生产任务,要求实习学生尽快顶岗工作,较难顾及技能训练的过程和细节。

(4) 模拟条件更有利于学习。工作现场的高精设备往往不敢让学生操作,害怕损坏,复杂的操作也担心出事故也不敢让学生做。校内的实训基地可以用模拟设备让学生学习而不必担心这些问题,学生能更快掌握高级设备和复杂的技能。另外,在某段时间在工作现场中不一定出现设备故障,校内实训基地的模拟设备则可以方便地进行设备故障方面的学习。

2) 实训装置配置说明

(1) 实训装置配置的重要性。

实训装置建设是职业教育各个环节中极其重要的部分。实训基地是实训教学过程实施的实践训练场所,是完成实训教学与职业素质训导、职业技能训练与鉴定的任务,并逐步发展为培养职业教育人才的实践教学、职业技能培训、鉴定和高新技术推广应用的基地。

(2) 实训装置配置原则。

① 实训装置应针对学生的化工生产通用技能进行培训,力求解决在化工企业无法实现的技能训练。

② 实训装置应充分体现安全、环保、低能耗。

③ 实训装置的配置要融合团结协作的理念,尽可能实现化工企业的生产组织形式,使学生整体充分得到全方位的技能培训。

(3) 实训装置教学理念。

本实训装置配置方案旨在针对化学工艺专业的专业课程实训,是着重再现化工企业生产情境,充分体现安全、环保、职业健康理念的化工生产综合实训装置。以就业为导向,重在职前培训,充分体现化工生产操作技能模块的实训,为培养高技能复合型人才打下坚实的基础。

（4）实训装置配置建议。

本实训装置是按技能模块配置的整套实训设备,作为化学工程与工艺专业课程实训的基本配置,基本可以满足化工生产基本通用操作实训的要求。对于本专业的基础实验室及各专门化方向实训室的配置不做明细要求,各学校可根据本校实际教学情况独立安排。根据所处地域特点及学生就业方向,各校对专业课程实训装置的配置可以进行适当调整。

3)专业基础实验模块实训设备配置(以化学工艺专业为例)

（1）化工 QHSE 实验模块。

功能:掌握"化工安全与清洁生产"实践教学内容和技能。

设备配置:见表 2-1 化工 QHSE 实验主要设备装备标准。

表 2-1　化工 QHSE 实验主要设备装备标准(以一个标准班 40 人配置)

序号	设备名称	用途	单位	基本配置	适用范围(职业鉴定项目)
1	灭火器	消防实训	台	20	化工生产运行员职业标准(四级)化工 QHSE 与职业素养
2	防毒面具	个人防护实训	个	4	
3	安全专用梯子	个人防护实训	架	2	
4	高空防摔安全带(五点式)	个人防护实训	副	20	
5	心肺复苏仪	个人防护实训	台	1	
6	紧急喷淋装置	个人防护实训	套	4	
7	个人防护用品(手套、防护服、防护镜等)	个人防护实训	套	40	
8	可燃气体检测仪	测氧测爆实训	套	2	
9	能源隔断装置	装置安全操作实训	套	2	

注:按以上要求配备相应的教学软件。

（2）化学基础实验模块。

功能:掌握"化学基础"实践教学内容和技能。

设备配置:见表 2-2 化学基础实验主要设备装备标准。

表 2-2 化学基础实验主要设备装备标准(以一个标准班 40 人配置)

序号	设备名称	用途	单位	基本配置	适用范围(职业鉴定项目)
1	实验操作台	化学实验操作	个	40	化学基本操作
2	加热设备	加热	台	20	
3	烘箱	玻璃仪器、药品烘干	台	2	
4	加热设备	加热	台	20	
5	水循环泵	冷却、抽滤	台	10	
6	搅拌器	混合	台	20	
7	托盘天平	称量	台	20	

注:按以上要求配备相应的玻璃仪器。

（3）化工单元操作实验模块。

功能：掌握"化工单元操作"实践教学内容和技能。（最低配置包括流体输送、传热、精馏、吸收操作项目，萃取、干燥操作可选）

设备配置：见表2-3和表2-4流体输送、传热、精馏、吸收操作项目主要设备装备标准和萃取、干燥操作项目主要设备装备标准（以一个标准班40人配置）。

表2-3 流体输送、传热、精馏、吸收操作项目主要设备装备标准（以一个标准班40人配置）

序号	设备名称	用途	单位	基本配置	适用范围（职业鉴定项目）
1	管道、管件操作台	管道拆装操作	个	20	
2	管道、管件	管道拆装实训	套	20	
3	球阀、闸阀、截止阀	管道拆装实训	套	20	
4	绞丝机	管道拆装实训	台	2	
5	压力表、真空表	管道拆装实训	套	10	
6	温度及流量检测仪表	管道拆装实训	套	10	
7	液压推车	液压试验	台	4	
8	离心泵	泵运行实训	台	6	化工生产运行员职业标准（四级）流体输送、传热操作、分离操作
9	换热装置	换热器操作实训	台	4	
10	换热控制柜	换热器操作实训	台	4	
11	换热总控台	换热器操作实训	个	2	
12	精馏装置	精馏单元操作实训	台	4	
13	精馏控制柜	精馏单元操作实训	台	4	
14	精馏总控台	精馏单元操作实训	个	2	
15	吸收与解吸装置	吸收与解吸单元操作实训	台	4	
16	吸收与解吸控制柜	吸收与解吸单元操作实训	台	4	
17	吸收与解吸总控台	吸收与解吸单元操作实训	个	2	

注：按以上要求配备相应的工具、器具；配备必需的公用工程（水、电、气、汽）。

表2-4 萃取、干燥操作项目主要设备装备标准（以一个标准班40人配置）

序号	设备名称	用途	单位	基本配置	适用范围（职业鉴定项目）
1	萃取装置	萃取单元操作实训	台	4	
2	萃取控制柜	萃取单元操作实训	台	4	
3	萃取总控台	萃取单元操作实训	个	2	化工生产运行员职业标准（四级）分离操作
4	干燥装置	干燥单元操作实训	台	4	
5	干燥控制柜	干燥单元操作实训	台	4	
6	干燥总控台	干燥单元操作实训	个	2	

注：按以上要求配备相应的工具、器具；配备必需的公用工程（水、电、气、汽）。

（4）化学反应操作实验模块。

功能：掌握"化学反应操作"实践教学内容和技能。

设备配置：见表 2-5 化学反应操作实验主要设备装备标准（以一个标准班 40 人配置）。

表 2-5　化学反应操作实验主要设备装备标准（以一个标准班 40 人配置）

序号	设备名称	用途	单位	基本配置	适用范围（职业鉴定项目）
1	釜式反应器	反应器操作实训	套	4	化工总控工（四级）反应系统操作化工生产工艺
2	固定床反应器	反应器操作实训	套	8	
3	鼓泡塔反应器	反应器操作实训	套	4	
4	流化床反应器	反应器操作实训	套	4	
5	真空泵	抽真空	台	1	
6	空压机	提供压缩空气	台	1	

注：按以上要求配备相应的工具、器具及玻璃仪器；配备必需的公用工程（水、电、气、汽）。

（5）化工过程控制操作实验模块。

功能：掌握"化工过程控制"实践教学内容和技能。

设置装置：见表 2-6 化工过程控制操作实验主要设备装备标准（以一个标准班 40 人配置）。

表 2-6　化工过程控制操作实验主要设备装备标准（以一个标准班 40 人配置）

序号	设备名称	用途	单位	基本配置	适用范围（职业鉴定项目）
1	压力测定仪表	压力测定	套	5	化工生产运行员职业标准（五级）化工常规仪表（四级）过程控制（PLC）操作
2	流量测定仪表	流量测定	套	5	
3	液位测定仪表	液位测定	套	5	
4	温度测定仪表	温度测定	套	5	
5	过程控制装置	过程控制实训	套	5	
6	过程控制系统控制柜	过程控制实训	套	5	
7	控制系统实训平台	过程控制实训	套	1	

注：按以上要求配备相应的工具、器具及接线。

（6）化工质量检测实验模块。

功能：掌握"化工质量检测"实践教学内容和技能。

设备配置：见表 2-7 化工质量检测实验主要设备装备标准（以一个标准班 40 人配置）。

表 2-7 化工质量检测实验主要设备装备标准（以一个标准班 **40** 人配置）

序号	设备名称	用途	单位	基本配置	适用范围（职业鉴定项目）
1	实验操作台	分析实验操作	个	40	
2	分析天平	化学药品称量	台	40	
3	电子天平	化学药品称量	台	10	
4	台秤	化学药品称量	台	10	
5	奥氏气体分析仪	气体分析	台	4	
6	可见光分光光度计	组分含量测定	台	20	
7	气相色谱仪	气体分析	台	4	化工检验Ⅰ（四级）
8	酸度计	pH 测定	台	20	分析测试
9	黏度计	黏度测定	台	20	
10	熔点仪	熔点测定	台	6	
11	沸点仪	沸点测定	台	6	
12	阿贝折光仪	折光率测定	台	6	
13	烘箱	玻璃仪器、药品烘干	台	4	

注：按以上要求配备相应的玻璃仪器，以及固体、液体、气体采样器具。

（7）化工仿真操作实验模块。

功能：掌握"化工装置运行技术""化学反应操作""化工单元操作"仿真模拟方法和技能。

设备配置：见表 2-8 化工仿真操作实验设备装备标准（以一个标准班 40 人配置）。

表 2-8 化工仿真操作实验设备装备标准（以一个标准班 **40** 人配置）

序号	设备名称	用途	单位	基本配置	适用范围（职业鉴定项目）
1	计算机	化工仿真操作实训	台	40	
2	DCS 仿真操作系统	化工仿真操作实训	套	40	化工生产运行员职业标准（四级）
3	网络交换机	化工仿真操作实训	台	1	化工仿真
4	液晶投影机	化工仿真操作实训	台	1	

注：按以上要求配备相应的仿真软件。

（8）化工中试装置实验模块。

功能：适用于"化工装置运行技术""化学反应操作""化学工程与工艺概论"等放大技术。

设备配置：见表 2-9 化工中试装置实验主要设备装备标准（以一个标准班 40 人配置）。

表 2-9　化工中试装置实验主要设备装备标准(以一个标准班 40 人配置)

序号	设备名称	用途	单位	基本配置	适用范围(职业鉴定项目)
1	反应釜(中试级)	装置运行实训	台	6	
2	中试装置(DCS)	装置运行实训	套	1	
3	储罐	储存物料	个	2	
4	过滤装置	物料过滤	台	6	化工工艺试验 Ⅰ(四级)
5	叉车	物料运输	台	2	化工中试反应
6	磅秤	称量	台	1	
7	真空泵	抽真空	台	1	
8	空压机	压缩空气	台	1	

注:按以上要求配备相应的工具、器具和量具;配备必需的公用工程(水、电、气、汽)。

以上基础实验模块参照实验指导书、仪器设备说明书、实验室安全制度、仪器设备操作规程等执行。

2. 校外实训基地的建设

校外实训基地是对校内实训基地设备、场所和功能缺陷的有效补充,能有效缓解学校实训基地建设所需经费和空间不足的矛盾。校外实训基地分为企业实训基地和公共实训基地。公共实训基地一般指政府用公共财政投资建立的面向社会公开开放的实训基地。此处只简单介绍一下企业实训基地。企业实训基地的运行往往由企业技术骨干作为兼职教师共同参与,他们能指导学生进行理论与技能学习,能减轻校内实训教学安排上的压力,更为重要的是,由于学生在校外实训基地接受的是一种直接在生产和实际工作环境中的现场培训,所以十分有利于他们掌握岗位技能,提高实践能力,了解岗位的社会属性。

企业实训基地常见的建设模式有三种:一种是合作伙伴关系的自主联合。例如,学校与企业之间,充分利用各自先进的设备、不同的实训教学模式、实训指导教师等优质资源,采用"2+1"(前两年在职校学习,后一年在企业实训)和"1.5+1+0.5"(前 1.5 年在职校学习,再到企业实训一年,最后 0.5 年回学校学习)的模式,对不同年级或专业的学生进行实训。第二种是订单关系的联合。企业按需求确定生源计划、专业及教学计划,学校负责招生和理论教学,企业负责提供实训基地进行实践教学,形成"学校-培训基地-企业"构架。采用订单式培养,大部分毕业生在实习企业就业。第三种是行业管理机构协调下的联合。行业管理机构从行业管理和发展的角度出发,指导和批准校企共同投资,联合建设实训基地,该基地归双方共同管理和使用,既接收学校学生的实习和实训,又接收企业的工人培训。

校外实训基地的建设不是一劳永逸的,学校还要注意保持与企业的密切联系,以达到与校外实训基地保持良好合作关系的目的。一是要充分发挥专业指导委员会的作用,保持与企业的良好沟通;二是要以科技开发求联合,通过科研立项,与企业共同开发科技产品,密切校企关系;三是要以服务求发展,利用自身的理论优势和技术优势,主动为企业提供咨询服务、培训服务、技术服务等,赢得企业的信任和支持。

2.3.7　实训的考核

1. 国外职业教育技能考核模式

1) 英国 BTEC 教育模式及其能力考核方式

BTEC 是商业与技术教育委员会的简称,BTEC 代表机构,也代表一种资格。尤其是职业技术资格方面,在英国有广泛性和权威性,BTEC 已成为英国首要的资格开发和颁证机构。BTEC 教学模式的知识体系与众不同,是跨学科、跨领域的,强调课程内容的综合性。教学中不要求有针对性很强的教材,而是鼓励学生去查找资料,锻炼自学能力。同时,突出通用能力培养,把发展通用能力作为培养的一个目标,并对学生通用能力的发展水平进行评估。BTEC 教学理念打破了传统的应试教育模式,其评估目的主要是考核学生解决实际问题的能力,即通过课业(如案例研究、作业及以实际工作为基础项目)的完成过程全面评估学生的专业能力,并测量通用能力的发展水平。而所有这些都是以学生在学习过程中取得的实际成果作为依据。成果包括专业能力成果和通用能力成果两方面。专业能力成果是指学生在完成教师交给的课业和其他任务时,掌握、运用和创新专业知识的能力。通用能力成果是指学生在课堂学习、完成课业和社会调研等活动过程中,表现出的自我管理、与人沟通合作、解决问题和完成任务及应用现代科技手段、设计、创新等能力。无论哪方面成果,都是学生在完成学习任务的过程中逐渐积累的,都是教师考核学生学习成绩的依据。

2) 澳大利亚 TAFE 教育模式及其能力考核方式

澳大利亚 TAFE 职业教育的专业和课程设置,是以行业组织制订的职业能力标准和国家统一的证书制度为依据的,具体内容和安排则由企业、专业团体、学院和教育部门联合制订,并根据劳动力市场变化情况不断修订。TAFE 教学普遍采用以能力为本位的指导思想,教学过程强调学生的主观能动性,学生可以按照自己的情况进行学习,教学组织方式极为灵活。因此,教学的重点是放在学生实际工作能力的训练上,考核的重点是强调学生应该能做什么,而不是应该知道什么。

能力培养是 TAFE 教学设计的核心内容,也是对学生进行质量评价的尺度,TAFE 对培训包课程提出了最低的能力测试考核要求,具体做法是:建议教师采用 11 种标准测试方法中的某几种作为对课程的考核手段。这 11 种考核方法是:观察、口试、现场操作、第三者评价、证明书、面谈、自评、提交案例分析报告、工件制作、书面答卷、录像。考核结果要求必须符合"五性":有效性、权威性、充分性、一致性、领先性。这些方法的综合运用,比单用试卷的考核方法更能反映学生的实际能力。

　　3）德国"双元制"教育模式及其能力考核方式

　　双元制职业教育是指整个培训过程是在工厂企业和国家的职业学校进行。双元制教育培训的学生具备双重身份：在学校是学生，在企业是学徒工，企业中的实践和职业学校中的理论教学密切结合。受训者在企业接受培训的时间约占整个学业时间的70％。企业培训主要是使受训者更好地掌握"怎么做"的问题。而职业学校以理论教学为主，教学时间约占整个学业时间的30％，主要解决受训者在实训技能操作时"为什么这么做"的问题。理论教师和企业的实训教师在"双元制"中起着非常关键的作用。双元制对学生的考核方式包括平时考试和国家考试两类。学院负责的平时考试由任课教师负责，国家考试则由州统一组织。企业负责的平时考试由实训教师负责，国家考试由国家委托的机构（如行业协会）负责。学生毕业设计的题目由企业选定，并报学院考试委员会审定。学生毕业论文由企业实训教师为第一指导，学院教师为第二指导，并在企业实践中完成。双元制职业教育采用培训与考核相分离的考核办法。国家考试由与培训无直接关系的行业协会承担。行业协会专门设有考试委员会，该委员会由雇主联合会、工会及职业学校三方代表所组成，其中，雇主联合会和工会代表人数相同并且至少有一名职业学校的教师。

　　2. 实践教学中生产实习的考核

　　实践性教学一般是通过观察、调查、口头回答、简单笔试、现场操作、制备产品、分析测试产品等形式进行考核。它是职业教育考核的有机组成部分，是由职业学校的教学目标及其性质所决定的。这里侧重研究生产实习的考核。

　　1）考核的内容

　　考核的内容包括七个方面，包括：①实习成果：实习教学计划和大纲的执行效果，生产计划完成情况，产品的产率和质量等；②专业知识：专业技术理论知识的掌握、理解及运用程度；③操作技能：操作能力和技能、技巧的掌握与熟练程度；④工作能力：解决现场问题及处理一般事故和一般技术问题的能力；⑤劳动态度：实干精神、职业道德和遵章守纪情况；⑥安全文明：安全生产与文明生产的执行情况；⑦团结协作：与工人师傅、与同学间的团结协作情况。

　　2）考核的原则

　　（1）及时性和经常性。这样可以掌握教学效果，了解学生实习态度和实习进度，不断改进实习教学的内容与方法，提高实习教学质量。同时，也有助于全面、准确地评定成绩。

　　（2）统一性和客观性。要有一个合理的评分标准，在评定时进行全面而客观的分析，防止主观臆断和无根据的评定。这有助于学生正确地自我评价，以调动学生实习积极性。

（3）真实性和公平性。要防止和杜绝考核评定中的不正确行为，要以对国家负责、对学生负责的态度严肃对待考评工作。在评定成绩时，要真实、公平地反映学生掌握知识和技能的水平。

3）考核的方式

（1）平时考核。

平时考核直接在教学过程中进行，是生产实习教学中经常采用的形式。它能使教师及时、全面地了解学生掌握专业（工种）知识、技能、技巧的程度，并及时起到反馈作用，有助于教师改进实习教学。这种考核要求教师每天做好实习记录，填写实习成绩考核簿，并且一周进行一次综合分析，或者一个课题结束后进行一次综合分析。

（2）阶段考核。

阶段考核是指一个实习项目结束或者劳动岗位轮换前及学期末的考核。这种考核是在系统练习或复习作业后，按照教学大纲对该阶段所规定的考核内容而进行的。其题目要结合实际，按应达到的技术与技能要求评定成绩。常用的考核方法是选择一个至几个典型工件，先口试或笔试技术理论知识，然后考核实际操作技能。

（3）毕业考核。

毕业考核要求全面地检查学生掌握专业技术知识和操作技能的程度。同时，也可检查学校的教学工作和教师的教学水平与教学艺术，促进教学改革。毕业综合考核是一件非常严肃的工作，应吸收各方面的权威、有代表性的人员组成考核委员会（领导小组），采取口试、笔试、实际操作三种办法进行，评定成绩时要认真、公道、实事求是。

4）考核的标准

（1）产品标准。把学生制备的产品质量作为考核成绩的首要标准。因产品质量是反映学生掌握知识、技能、技巧程度的全面和客观的标志。

（2）把学生完成产品的工时定额作为考核成绩的第二个标准。因在一定的生产技术条件下，完成产品的工时多少反映着学生的操作技术或技能熟练程度和劳动态度。

（3）操作标准。把学生掌握操作方法、执行操作规程、控制工艺条件的正确性与合理性作为考核成绩的第三个标准。因这些方面与学生的技术程度、安全生产、产品质量息息相关。

（4）安全标准。把安全、文明生产作为考核成绩的第四个标准。因没有安全、文明生产，人身、设备、技能形成及产品质量都失去了保证。小则影响生产，大则产生恶性事故。

以上四个基本标准，考核时不可偏废，必须兼顾，全面衡量，综合评价。但由于实习阶段的不同和内容的不同，考核标准也要相应地有所侧重。

第二篇　化工类专业教学法

教学方法是为完成教学任务而采用的办法。它包括教师教的方法和学生学的方法，是教师引导学生掌握知识技能、获得身心发展而共同活动的方法。过去，把教学方法只看作教师为完成教学任务、传授知识技能、指导学生学习的方法，难免失之偏颇。在一个相当长的时期里，我们的教学实践只重教而不重学，只重教法的研究而忽视学法的探讨，只重教师主导作用而忽视学生主体作用，在一定程度上与这种认识有关。事实上，教学方法始终包括教师与学生共同进行的教与学双方的活动，这是教学方法的重要特点。例如，教师讲授要求学生聆听、思考，教师演示要求学生观察、分析，教师示范要求学生模仿、练习；学生讨论、研究、作业则需要教师辅导、检查、批改。可能在特定的情况下，只以一个方面为主，但另一方面总是必不可少的。所以，从强调教学方法是教师的教法发展到是在教师引导下师生配合进行教学的方法，这是教学方法在理论和实践上的重大进展。

教学方法一般都是按教学活动的外部形态区分来命名的。例如，讲（讲授）、谈（谈话、问答）、看（演示）、练（练习、作业）、议（讨论）、操作（实验、实习作业）等，都体现一种教学活动，具有独特的教学功能，不可能用其他方法来代替。教学方法是联系教学理论和实践的关键。职业教育有别于其他教育，它培养的是具有一定的理论知识和较强实践应用能力的专门应用型人才，整个教学过程注重职业岗位实际动手能力的培养，许多普通教育中采用的教学方法同样可以适用于职业教育，但在学习专业（职业）知识、培养职业能力时，行动导向教学方法更为有效。行动导向教学法是以能力为本位，以行动为导向的教学方法。要求教师创设一种仿真工作实际的学习环境和气氛，以学生为中心，以任务为载体，组织和指导学生在完成具体任务的行动中手、脑并用，做、学结合，身体力行地获取专业能力、方法能力和社会能力。行动导向教学法是世界先进的职业技术培训教学法，如任务教学法、项目教学法、引导文教学法、问题解决教学法等。这里，本书将其称为专业教学法。专业教学法涉及从学习前提分析到评价的系统化教学的所有环节：根据职校学生的基础和认知特点决定教学的难度和教学方式；根据教学目的决定教学内容的黑箱等级；媒体的运用不仅要"听"和"看"，更要"做"，强调过程评价，并将其视为系统化教学的起点。专业教学法必须立足于职业教育特点和专业特点，并遵循理论教学绩效原则、理论实践一体化原则和完整性原则。这在后面的学习中将做进一步讲解。它们是进行教学活动的基本方法。为了有成效地教学,在运用教学方法时,还要考虑方法采用的方式和各种方法之间的组合。所以,要掌握教学方式、教学方法组合等概念。教学方式是构成教学方法的细节,是教师和学生进行的个别智力活动或操作活动。例如,运用讲授法,教师可以用提问的方式讲,也可以不用提问的方式讲,可以用演绎推导的方式讲,也可以用归纳概括的方式讲;而学生既可以聚精会神地听,也可以边听边在课本上作些记号与说明或边听边记笔记。这些方式表现在不同学科和不同的师生身上又各有特点。可见,教学方法是一连串的有目的的活动,它能独立完成某项教学任务。而教学方式只被运用于方法,并为完成教学方法所要完成的教学任务服务,它本身不能独立完成一项教学任务。但不能因此否定教学方式的独立意义,因为同样的教学方式可以被运用于不同的教学方法中。

教学方法组合是指在一定教学思想指导下,在长期的实践过程中形成的具有稳定特点的教学活动的模式。例如,传授-接受教学、问题-发现教学等,就是现代教学中最有代表性的两种教学方法组合。它们的构成离不开教学的基本方法。但每一种教学方法组合都有自己的指导思想,具有独特的方法结构和教学功能。它们对教学方法的运用,对教学实践的发展有很大影响。可以说,上述两种教学方法组合在运用中的互相渗透和自我完善,推动了教学的发展和提高。

此外,为了增强教学方法的作用,在运用方法时常结合使用教学手段。教学手段是指为提高教学方法效果而采用的一切器具和设施。它包括教学用书(教材、参考书、工具书)、直观教具(各种实物、图片、标本、模型、仪器)、现代化视听工具(幻灯片、投影仪、录音机、电子白板、智能手机、电视机、平板电脑)以及专用教室。现代教学在研究教学方法时,必须考虑教学手段,特别要注意运用现代化教学手段,以增强教学效果。

要有成效地完成教学任务,必须正确选择和运用教学方法。常有这种情况,有的教师教学效果不太好,并不是因为他没有水平,而是由于教学不得法,特别是在部分教师的观念中,还存在着重教学内容、轻教学方法的倾向。所以,我们应当注意教学方法的选择与运用。

现代教学对教学方法的要求日益提高,提倡以系统的观点为指导来选择教学方法和教学手段,以便使教学过程优化,发挥出它的最佳整体功能。一般来说,教学方法和手段的主要选择依据包括以下几个方面:①教学目的和任务;②教学过程规律和教学原则;③本门学科的具体内容及其教学法特点;④学生的可接受水平,包括生理、心理、认知等;⑤教师本身的条件,包括业务水平、实际经验、个性特点;⑥学校与地方可能提供的条件,包括社会条件、自然环境、物质设备等;⑦教学的时限,包括规定的课时与可利用的时间;⑧预计可能取得的真实效果等。

教学是一种创造性活动,选择与运用教学方法和手段要根据各方面的实际情况统一考虑。万能的方法是没有的,只依赖于一两种方法进行教学无疑是有缺陷的。常言道,"教学有法,但无定法"。每个教师都应当恰当地选择和创造性地运用教学方法,表现自己的艺术和形成自己的教学风格。对职业教育的专业课来说,选择专业教学法更便于培养职业能力。普通教学法介绍的书籍较多,这里不赘述,本书仅介绍便于化工类专业采用的专业教学法。

第3章　动作技能教学法在化工类专业的应用

3.1　引　言

动作技能是一系列实际动作以合理、完善的程序构成的操作活动方式,受心理愿望的驾驭,动作的能力表现为身体的一定肌肉、骨骼的运动和与之相应的神经系统部分的活动。由于动作技能广泛存在于我们的学习、工作、生活中,因此,动作技能教学法是重要的教学方法之一,被应用在操作技能教学、实验教学及其他实践性教学当中,在职业教育中的作用更是不可忽视,主要教学目标是提高身体各组织器官的协调配合能力,使学生形成操作技能并完成生产任务。

本章旨在促进学习者更深刻地理解动作技能教学的科学方法并指导其教学实践。为了使理解更加具体化,本章列举了化工类专业的教学案例。学完本模块,学习者应具备运用动作技能教学法实施教学的能力,包括设置学习任务的能力、具体安排动作技能实施步骤的能力、运用心理因素调控激发学生学习动机并维持学习活动持续进行的能力、准确示范的能力、操作示范结合语言表达的能力、合理安排练习和反馈时间的能力。

本章的内容包括动作技能教学法的实施步骤、动作技能教学法的注意事项、动作技能教学法对教师和学生的要求等几个方面。学习者可以参照所提供的内容及延伸阅读材料,扩充知识面,进行自主学习。

3.2　动作技能教学法的实例

先看一个教学实例,认识一下何谓动作技能教学法。例如,在滴定分析操作的教学中,我们就常用动作技能教学法。我们可以从教师与学生两个角色出发,把动作技能教学步骤概括为四个阶段,见表 3-1。

表 3-1　滴定分析操作

阶段	教师活动过程	学生活动过程
第一阶段	讲解要领:教师先放一段有关滴定分析仪器操作的录像,再详细讲解滴定分析仪器的操作要领和操作过程。在教学过程中,先让学生学习容量瓶和移液管的使用,再学习酸、碱式滴定管的使用,这样学生比较容易上手。例如,容量瓶的操作中要分步讲解容量瓶的洗涤、溶液的转移、稀释、定容和容量瓶的摇匀等过程。同时,对初学者易犯的错误和纠正的方法加以提醒。例如,滴定管的滴定操作中"成滴不成线、一滴半滴的加入"的操作是关键动作,学生初学时很难控制滴定速度,这时教师要讲明白为什么这样操作,不按要求做的结果是什么,让学生理解掌握规范动作的重要性	动作技能的定向:学生通过观看录像和理论知识的学习,并观察教师的示范操作,在头脑中建立起滴定分析操作活动的定向映像的过程。例如,通过观察,学生理解用移液管移取溶液时为什么要三次用到滤纸以及使用的时机

阶段	教师活动过程	学生活动过程
第二阶段	示范动作:示范动作时教师应姿势正确、动作规范,一边示范操作,一边用简洁的语言明确观察要点。先进行分解示范操作,再进行整体示范操作。示范时要放慢速度,将正确动作和错误动作相比较,使学生观察得清楚、准确,便于理解和掌握动作要领。例如,在用酸式滴定管操作时,不少学生经常会遇到操作过程中发生漏液现象,主要原因就是左手握活塞的姿势不正确,手心顶住活塞,导致活塞松动漏液。在此阶段教师要多指出学生操作时易犯的错误并演示给学生看,让学生通过观察错误动作掌握准确动作	动作的模仿练习:在滴定分析练习时,学生随着教师的示范操作,边听、边看、边模仿着做。例如,模仿教师的操作练习滴定管的洗涤和检漏、酸式滴定管的涂油、装液和赶气泡等有关动作,特别是酸、碱式滴定管的赶气泡动作,学生一时很难掌握,在这要多加强练习
第三阶段	指导练习:学生开始练习时,教师应进行巡回指导,在此过程中将集中指导和个别指导相结合,帮助学生排除障碍,及时纠正学生的错误动作,防止错误的动作形成习惯。让学生明白只有熟练掌握操作动作,才能在此基础上提高分析结果的准确度和精密度	动作的整合:学生先分解练习滴定管、容量瓶、移液管三种滴定分析仪器的操作过程,在操作动作初步定型和到位后,再把这些操作动作整合在一起。在教学过程中要求学生先依次练习三个实验:一定量浓度溶液的配制和稀释、酸碱滴定操作练习、氢氧化钠标准滴定溶液的配制和标定,最后再练习工业乙酸含量测定实验。我们设计的实验由易到难、循序渐进,使学生在操作动作的整合过程中加强动作的合理性和协调性,逐步排除错误动作,熟练掌握滴定分析操作技术。在操作过程中学生特别要注意动作的规范性,如果氢氧化钠标准滴定溶液的标定结果有误差必然会影响到工业乙酸含量测定实验结果的准确度
第四阶段	考核巩固:当学生的动作技能达到一定熟练程度时,教师应及时对学生进行阶段性限时考核,在保证动作稳定性的前提下有速度上的要求标准,提高学生学习的积极性和主动性	动作的自动化:通过一系列实验巩固操作技能,使学生所形成的动作方式对各种变化的条件具有高度的适应性,动作的执行达到高度的完善。能顺利地通过劳动局组织的考级考证,获得合格证书

3.3　动作技能教学法的实施步骤

如下我们可以从教师与学生两个角度(或者说角色)出发,把动作技能教学步骤概括为四个阶段,有时也称为"四阶段教学法"(图 3-1)。

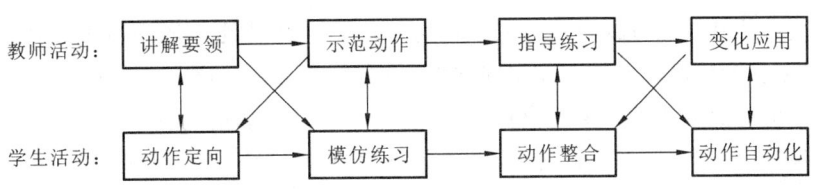

图 3-1　动作技能教学法的实施步骤

3.3.1　教师活动过程

第一阶段,讲解要领。首先,教师应讲清楚实践教学中所使用的设备、工具和动作的名称与作用,建立正确的操作技术概念;其次,要讲解技术要点和工艺规程,抓住要点和规范并逐步深入;再次,讲解动作过程和操作要领,对初学者易犯的错误和纠正的方法加以提醒;最后,讲解实践教学的形式与步骤。

第二阶段,示范动作。有效示范是教授动作技能的重要内容,无论怎样详细的讲解,都会有一些说不清楚的动作信息,示范能使动作信息直观生动,为学生提供模仿的榜样。示范动作时教师应姿势正确、动作规范,分段演示与系统演示相结合,讲练结合、快慢结合,正确动作和错误动作相比较。

第三阶段,指导练习。学生通过听觉和视觉获得一定数量的动作信息,并在此基础上开始练习。教师应进行巡回指导,帮助学生排除障碍,纠正错误,包括生产指导、动作指导、质量指导、应急指导、集体指导和个别指导相结合等。单调枯燥的动作练习容易使学生产生烦躁情绪和疲劳感,教师应组织学生不断变换练习方式,提高学生学习的积极性和主动性。同时,教师要及时纠正学生的错误动作,防止错误的动作形成习惯。

第四阶段,变化应用。当学生的动作技能达到一定熟练程度时,教师应有意识地变换教学环境,设置各种实际生产中可能出现的变化,增加动作技能的难度,并进一步提高对动作稳定性和速度的要求标准,使学生形成生产能力。

3.3.2　学生活动过程

第一阶段,动作技能的定向。动作技能的定向即了解动作活动的结构,在头脑中建立起动作活动的定向映像的过程。虽然动作技能表现为一系列的动作活动,但学习者最初必须了解做什么,怎么做,即首先要掌握程序性知识。所形成的动作活动的定向映像应包括两方面:一是动作活动的结构要素及其关系,即有哪些要素构成某一动作活动,各动作要素间的关系、顺序如何;二是活动方式,即动作的轨迹、方向、幅度、力量、速度、频率、要领、功能、动作衔接及注意事项等。学生主要采用观察、记忆、想象等方式获得动作技能的定向。

第二阶段,动作的模仿练习。动作的模仿是将头脑中形成的定向映像以外显的实际动作表现出来。动作技能最终表现为一系列的合法则的动作活动方式,仅在头脑中了解这种活动结构及其执行方式是不够的。模仿练习是操作技能形成的基本途径,通过模仿练习,个体可以检验已形成的动作定向映像,使之更完善、更清晰,使定向映像在技能形成过程中发挥更有效的作用。通过模仿练习,还可以加强个体的动觉感受,为更有效地控制动作做准备。应注意入于耳目、心领神会,条件允许时还可以边听、边看、边模仿着做,充分调动各种感觉器官,这样才能学得快,效果好。

第三阶段,动作的整合。动作的整合即把模仿阶段习得的动作固定下来,并使各动作成分相互结合,成为定型的、一体化的动作。由于学习者在模仿阶段只是初步再现,动作整体水平较低,通过动作的整合可以加强动作的合理性和协调性,逐步排除错误动作。动作的整合是从模仿到熟练的过渡阶段,是形成动作技能技巧的基础。

第四阶段,动作的自动化。动作的自动化指所形成的动作方式对各种变化的条件具有高度的适应性,动作的执行达到高度的完善。从生理上看,就是动作模式在大脑皮层建立了动力定型,动作环节间形成了暂时神经联系。

3.4　动作技能教学法的注意事项

3.4.1　事先对学生心理因素进行激活、调整和强化

在正式进行动作技能教学之前,教师要注意对学生相关心理因素的激活、调整和强化,包括学习动机的激活、动作学习的心理积淀的调整。教师可在教学之前让学生明确学习的目标及意义,也可引导学生确立适合自己的学习目标。

动作学习的心理积淀的调整包括动作因素的调整、心理因素的调整、概念因素的调整。动作因素的调整即教师要利用学习迁移原理来设计教学过程,学生总是把自己过去的一些动作经验带到新的学习情境中去,如果这些动作经验与将要学习的动作任务相似,那么教师在对学生提供动作学习的指导和帮助时要让学生认清它们的异同点。心理因素是指动作任务中有关的需要处理的相似刺激。例如,乒乓球和网球都需要用视觉追踪球的运动,而教师在教学中就应该帮助学生寻找和把握特定的感知状态。概念因素是指动作任务中相似的战略、战术、规则和概念等,如乒乓球和网球中的变化击球动作。教师在教学中应该帮助学生准确地理解和运用与动作任务相关的概念因素。另外,创设良好的动作技能的学习氛围也有利于学生心理因素的调整和强化。首先,注意师生之间的情感交流,师生情感融合,学生才能大胆主动地和教师交流学习信息,教师才能根据学生提出

的问题进行有针对性的指导。其次,引导学生心态的调整,让学生把注意力集中在正确的技术动作的完成过程上,而不是成绩结果的某个标准上,这样才能有效地降低学生的焦虑水平。

2. 注意示范的规范性

教师的示范、指导、讲解等对学生动作技能的形成具有重要作用。教师在示范操作时要做到动作准确、协调熟练、结构合理、完整连贯,没有多余的动作,动作间也没有相互干扰的现象,使学生便于观察、理解、记忆和模仿,逐渐掌握操作技能。

教师在示范操作时,必须注意以下几点:

(1) 示范动作的正确性。如果示范操作不正确,则使学生形成错误的动作映像,就会影响动作技能的形成及水平。

(2) 控制示范的速度。由于学生在观察不熟悉的动作时,注意和范围及知觉的广度一般较小,操作过快会给学生观察及分析动作特点带来困难。在示范讲解过程中,要把动作速度放慢,目的是使学生观察得清楚准确,便于理解和掌握动作要领。

(3) 整体示范与分解示范相结合。整体示范有助于学生了解活动方式的全貌及整个动作的操作程序,分解示范有助于学生了解各个动作的幅度及力量等方面的特点。

(4) 示范与讲解相结合。教师要一边做示范操作,一边用简洁的语言明确观察要点,提高学生对操作的认识水平,了解操作的规则和原理。语言指导结合操作示范是帮助学生理解和掌握操作技能的最有效的方法。

3. 指导学生有效练习

动作技能的精确性、速度、协调性是随着练习次数增多而提高的,但并非所有的练习方式都是最有效的。

影响练习效率的因素主要有以下几点:

(1) 练习的目的和要求。明确的练习目的和要求是影响练习效率的最重要因素。明确的练习目的可以激起学习者的学习动机与热情,提高其练习的主动性和积极性,使练习经常处于意识的控制之下,从而提高练习的效率。

(2) 有效地采用行为主义的心理策略。基于实验,美国的桑代克提出了效果律(law of effect):如果一个动作之后伴随着环境中某种令人满意的结果,则该动作在相似的环境中被重复的可能性就会增加;相反,如果一个动作之后伴随着环境中某种令人不满的结果,则该动作在相似的环境中被重复的可能性就会减少。由此得出动作学习的强化规律:根据学习者对操作反应的结果,对其施加某种力量,以便增强合乎要求的操作,削弱不合要求的操作。

强化方法:评价、打分、表扬、奖励、批评、惩罚。

强化原则:①及时,紧接动作反应进行强化,若间隔时间长,效果显著下降;②需要,切合学习者需要,肯定强化要正好是学习者所希望得到的,否定强化要正好是其所要避免的,如果学习者对强化无所谓,强化就谈不上什么效果,如某学生学习好,班主任给予该学生写黑板报的任务以示信任和重视,若该学生认为这可以显示自己的才华和教师的看重,非常乐意,则效果很好;若该学生粉笔字写得很差,认为教师让他丢脸,则强化效果就达不到了;③多样,除直接强化(外部强化)外,还充分运用自我强化和替代强化。外部强化是别人对学习者施加的强化,如老师对学生学习的评价、奖惩。替代强化是通过强化一个学习者而间接地强化其他学习者,如批评学生甲来警告全班学生,表扬学生乙来树立典型让其他学生学习。自我强化指学习者通过给自己制订标准对自己的行为加以控制的过程,在学习过程中,如果自己的行为与自己提出的标准相一致就会自我肯定,否则进行自我否定。

(3)练习时间的分配。在动作技能的练习中,应根据动作技能的性质、复杂程度、客观条件、学习者的身体状况来合理分配练习时间。一般来说,分散练习优于集中练习。行为主义认为过多的练习会产生抑制,如疲劳导致厌烦而忽略动作质量,休息一段时间后,抑制消除,再接着练习,效果更好。例如,汽车驾驶练习 8 个小时,若分 4 天 8 次,每半天练习 1 小时,这种练习效果明显好于集中一天练习 8 小时。

(4)练习方法。获得动作技能的练习方法主要有整体练习和部分练习两种。在动作技能练习中,究竟采用哪一种练习方法,应根据动作技能的性质和复杂程度而定。一般状况下,如果动作技能各部分的独立性较大,或动作技能较为复杂,则采用部分练习的效果较好;如果动作技能的结构严谨、完整,需要细心整合,或动作技能较为简单,则采用整体练习效果较好。在动作技能教学中,教师应重视对学习者进行练习方法的指导。

(5)及时反馈。个体在练习之中或练习之后所接收到的与绩效有关的信息称为反馈。练习者若能及时得到反馈信息,就能正确认识自己的动作,并通过练习把正确的动作巩固下来,把错误的动作舍弃掉,从而提高练习的效果。练习者一般通过视觉、听觉、触觉、动觉和平衡觉来获得练习结果的反馈信息。通常情况下,在练习初期主要通过视觉通道或听觉通道来获取反馈信息,在练习后期主要通过运动感觉来获取反馈信息。在练习过程中,会有两种反馈作为矫正错误的线索,即内在反馈和外在反馈。由内在反馈所得的线索称为知觉痕迹(perceptual trace),由外在反馈所得的线索称为结果知识(knowledge of result),在内、外反馈机制作用下,经过反复练习,操作技能的水平会不断提高。心理学的研究表明,在操作技能学习的练习中,反馈的强化效应是非常明显的。也就是说,只有当学习者从他们的动作或动作的结果中得到反馈时,练习才能对学习起促进作用。因此,教师对学生操作练习时所表现的状况要给予及时和适当的反馈,使学习者及时了解练习结果,这是形成正确、规范的操作技能的关键。在学生练习分解动作过程中,教师应巡回观察指导及时发现问题,及时纠错,以提高练习效率,防止错误动作形成习惯。针对普遍存在的问题,教师要给学生集中讲解。如果是个别学生存在的问题,可采取个别指导的方式。

4. 重视反思的作用

反思一般是指行为主体立足于自我以外批判地考察自己的行为及其情景的能力。它是认知过程中强化自我意识,进行自我监控、自我调节的主要形式。在反思过程中,主体自觉地对认知活动进行考察、分析总结、评价和调节。

　　动作技能学习活动实际上也是一种认知活动,对其进行考察、分析总结、评价和调节,不但有利于动作知识和动作技能的理解、同化和迁移,还有利于动作技能学习能力的提高,因而反思对动作技能的形成具有重要的促进作用。反思既包括教师的反思,又包括学生的反思。教师的反思会对讲解与示范、反馈、练习的组织等产生影响,从而间接作用于学生动作技能的形成。反思过程中,主体既要对理念(知识)领域进行反思,又要对行为(动作)进行反思。影响反思效果的因素很多,主要有思想与情感的开放性、知识结构、困境的确证、分析与评价技能、交往技能等。因此,在技能教学中,教师除了应该积极地对自己的教学进行反思外,还应当注意培养学生的反思意识和反思能力,引导学生积极地对其动作技能学习的各个方面进行反思,解决存在的问题,总结成功的经验,从而培养学生良好的反思习惯,不断增强学生的反思能力和动作技能学习能力,促进学生动作技能的获得。

测　试　题

单项选择题(每一题给出了四个备选答案,请选择一个最适合的答案填于空中)。

1. 动作技能形成的基本途径是(　　　)。

A. 记忆　　　　　　　　B. 观察　　　　　　　　C. 理解　　　　　　　　D. 练习

2. 动作技能学习中的刺激-反应理论有强化三原则,它是(　　　)。

A. 表扬、批评、惩罚　　　　　　　　B. 外部强化、替代强化、自我强化

C. 及时、需要、多样　　　　　　　　D. 分散、多次、多样

3. 刺激-反应理论中的反馈律是一种特殊的强化,是指(　　　)。

A. 动作学习者的动作越正确,学习的信心越强

B. 只要给人或动物一个刺激,人或动物必然有动作反馈

C. 通过让学习者知道动作学习的结果,来提高操作学习效果,避免错误固定化,难以纠正

D. 指导者对动作学习者给予很强的刺激所引起的反馈

4. 动作技能学习心理过程的第一阶段是(　　　)

A. 联结阶段　　　　B. 认知阶段　　　　C. 自动化阶段　　　　D. 熟练阶段

5. 个体在了解一些基本的动作机制后,试图尝试做出某种动作行为属于(　　　)

A. 操作熟练　　　　B. 操作整合　　　　C. 操作模仿　　　　D. 操作定向

6. 刺激-反应论中的强化律是指(　　　)。

A. 加大训练强度,反复练习

B. 对每一个分解动作先反复练习,再进行联结练习

C. 练习时加大负荷,如在腿上绑沙袋练习

D. 根据学习者对操作反应的结果,对其施加某种力量,以便增强合乎要求的操作,削弱不合要求的操作

7. 从教师的角度出发,动作技能教学步骤为(　　　)。

①指导练习　②示范动作　③变化应用　④讲解要领

A. ①②③④　　　　B. ④②①③　　　　C. ④③②①　　　　D. ④①③②

8. 从学生的角度出发,动作技能学习步骤为(　　)。

①模仿练习　②动作整合　③动作定向　④动作自动化

A.③①②④　　　　　B.①②③④　　　　　C.①③②④　　　　　D.③②①④

9. 技能学习时的动作定向是指(　　)。

A.了解操作活动的力的作用方向

B.了解操作活动的最终目的

C.了解操作活动的结构,在头脑中建立起操作活动的定向映像的过程

D.了解操作活动的结构,便于分解成局部动作进行练习

10. 动作技能教学过程中,教师在示范操作时必须注意(　　)。

A.示范动作的正确性,降低示范的速度,示范与讲解分开进行

B.示范动作的正确性,控制示范的速度,整体示范与分解示范相结合,示范时不用讲解

C.示范动作的正确性,示范的速度按常规标准,整体示范与分解示范相结合,示范与讲解分开进行

D.示范动作的正确性,控制示范的速度,整体示范与分解示范相结合,示范与讲解相结合

参考答案:[1.D　2.C　3.C　4.B　5.C　6.D　7.B　8.A　9.C　10.D]

3.5　动作技能教学法在化工类专业的应用案例一

3.5.1　工业醋酸含量的测定教学案例

"工业醋酸含量的测定"教学设计

(由江苏常熟滨江职业技术学校陈晓提供,编者进行适当改编)

一、教学对象分析

教学对象为化学工艺专业班学生。这部分学生对滴定管、容量瓶、移液管等仪器的操作技术内容有了初步的了解,但实践机会较少,操作技能有待提高。

二、教学内容分析

酸碱滴定分析法是化学分析法中的一种重要方法,工业醋酸含量的测定是酸碱滴定中的直接滴定法的工业应用。教学内容中不但包括常用容量分析仪器的使用,还包括酸碱滴定的原理、化工计算、结果分析等,故工业醋酸含量的测定是一个综合性技能项目,可以作为一个任务来教学。但因其在课程中的位置处于较前的阶段,此时学生对容量分析仪器的使用还不够熟练,故采用动作技能教学法。

三、教学目标

（1）学生能熟练使用滴定管、移液管。

（2）学生能熟练使用容量瓶进行一定浓度溶液的配制。

（3）学生能熟练使用滴定管、容量瓶、移液管等仪器测定工业醋酸的含量。

（4）学生能根据指导书进行其他酸碱滴定。

四、教学过程设计

教学过程分讲解要领、示范动作、指导练习、变化应用等四个阶段，具体内容见表 3-2 和表 3-3。

表 3-2　教学过程设计表

阶段	教师活动	学生活动	设计意图
第一阶段	讲解要领：先引导学生学习教材中滴定管、容量瓶、移液管的操作步骤，并把它板书出来；再播放酸式和碱式滴定管、容量瓶、移液管的使用录像，同时清楚讲解滴定分析仪器的操作要领和操作过程，结合教材相关知识对初学者易犯的错误和纠正的方法加以提醒	动作技能的定向：先学习教材中滴定管、容量瓶、移液管的操作步骤，然后认真观看录像，聆听教师讲解，并学习教材中的相关理论知识。初步了解以上容量分析仪器的操作程序	通过观看操作录像及听教师讲解，让学生在头脑中建立起滴定分析操作活动的定向映像的过程
第二阶段	示范动作：示范动作时教师应姿势正确、动作规范，一边示范操作，一边用简洁语言明确观察要点。先进行分解示范操作，再进行整体示范操作。示范时要放慢速度，将正确动作和错误动作相比较，使学生观察得清楚准确，便于理解和掌握动作要领	动作的模仿练习：在滴定分析练习时，学生跟随教师的示范操作，边听、边看、边模仿着做（用自来水代替试剂）	通过模仿练习，学生可以检验已形成的动作定向映像，使之更完善、更巩固，具体把握操作步骤
第三阶段	指导练习：教师先讲解此阶段要做的任务，之后让学生进行练习。学生开始练习时，教师应进行巡回指导，在此过程中将集中指导和个别指导相结合，帮助学生排除障碍，及时纠正学生的错误动作，防止错误的动作形成习惯	动作的巩固和初步整合：学生对各种容量仪器的使用操作初步定型和到位后，再依次练习两个实验：一定量浓度溶液的配制和稀释、酸碱滴定操作练习	设计的实验由易到难、循序渐进，使学生在操作动作的整合过程中加强动作的合理性和协调性，逐步排除错误动作，熟练掌握滴定分析操作技术
第四阶段	变化应用：当学生对滴定管、容量瓶、移液管的操作技能达到一定熟练程度时，可以给出企业中工作任务（工业醋酸含量测定实验），让学生更加熟练地使用容量分析仪器进行分析检测。同时对学生的操作技能进行考核	根据工作任务要求开展实训：准备工作、制订实操步骤、进行实操、结果分析计算等。此阶段学生综合地运用容量分析仪器、化工计算、称量、配液等多方面的知识和技能	增加动作技能的难度，并进一步提高对动作稳定性和速度的要求标准，使学生对动作的执行达到高度的完善，具有解决工作中实际问题的能力

表 3-3　操作技能考核表

序号	考核内容	考核要点	分值	评分方法	得分
1	实验准备	1.锥形瓶等普通玻璃仪器洗涤	16	每项 2 分,扣完为止	
		2.滴定管、容量瓶的检查与试漏			
		3.铬酸洗液洗涤滴定管、移液管、容量瓶内壁			
		4.自来水洗涤上述三种仪器			
		5.蒸馏水润洗上述三种仪器			
		6.待装液润洗滴定管			
		7.待吸液润洗移液管			
		8.仪器洗涤效果			
		9.其他			
2	移取溶液	1.手持移液管的方法	12	每项 2 分,扣完为止	
		2.移液管插入溶液前尖端外壁的擦拭			
		3.吸取溶液的方法正确、熟练			
		4.移取溶液的体积准确			
		5.放出溶液的方法正确			
		6.液面降至尖嘴后的停留			
		7.其他			
3	定容	1.稀释至 2/3 容积时平摇	10	每项 2 分,扣完为止	
		2.定容操作			
		3.摇匀操作			
		4.定容体积准确			
		5.是否用待稀释液润洗			
		6.其他			
4	滴定	1.滴定剂装入滴定管	20	每项 2 分,扣完为止	
		2.赶气泡			
		3.滴定管读数			
		4.指示剂的加入			
		5.滴定与摇瓶操作配合协调			
		6.滴定速度的控制			
		7.近终点 1/2 滴溶液加入控制			
		8.滴定终点判断			
		9.是否漏液			
		10.滴定中是否因使用不当更换滴定管			
		11.其他			

续表

序号	考核内容	考核要点	分值	评分方法	得分
5	结束工作	1. 仪器洗涤 2. 药品、仪器归位 3. 实验过程中及实验结束后的工作台面	6	每项 2 分,扣完为止	
6	数据记录 及处理	1. 数据记录及时、正确,不得涂改 2. 计算公式及结果 3. 正确保留有效数字 4. 报告完整、规范、整洁	20	每项 5 分,扣完为止	
7	结果准确度	误差≤0.5%	16		
8	安全文明操作	1. 每损坏一件仪器扣 3 分 2. 发生安全事故扣 10 分 3. 乱倒(丢)废液、废纸扣 3 分			
9	实验重做	实验每重做一次扣 5 分			
	总分		100		

3.5.2　工业醋酸含量的测定案例分析

1. 教学方法的确定

容量分析仪器的使用是典型的操作技能,虽然教学中有一定的理论知识,但学生掌握酸碱滴定法测量工业醋酸的含量必须靠操作实践来学习,舍此别无他途。因此,选用四阶段教学法比较合适。此段教学还包括化工计算、称量、溶液的配制等多方面的知识和技能,这些内容可以通过讲授、学生自主学习,再辅以学生练习完成。为了更好地调动学生的学习动机,将工业醋酸的含量测定形成一个小任务,内容包括对滴定管、容量瓶、天平、移液管的认识和使用等内容,让学生通过完成任务,自主获得知识,并在工作任务完成的过程中获得组织能力、沟通能力、团体协作能力和口头表达能力。基于这种考虑,这次学习以任务教学法(见后续项目教学法)为组织形式,其中的操作技能是主要的教学内容,以操作技能(四阶段)教学法进行教学,并在适当的时候辅以讲授法。

一般来说,某门课、某一章节、某一节课可能会采用几种不同的教学方法,这一般根据教学内容来确定。滴定管的使用、容量瓶的使用和移液管的使用均是一个个单项技能,是以操作技能为主的教学内容,所以主要的教学方法还是采用操作技能(四阶段)教学法,最后通过完成测量工业醋酸的含量这一任务综合应用滴定管、容量瓶及移液管。

2. 教学过程分析

第一阶段是教学准备阶段。首先选定教学场所,这次教学是实训课,一般选在分析化学实训室,最好是一体化的实训室,除了实训仪器设备外,还应增加必要的教学设备:多媒体教具、黑板、桌椅等。还要准备教学必需的物质材料：碱式滴定管、锥形瓶、容量瓶、移液管、量筒、滴管、滤纸、醋酸试样、0.2 mol/L NaOH 标液、酚酞指示剂、洗瓶、分析天平等。当然还要准备玻璃棒、药物天平、试剂瓶、几种常用规格的烧杯等供学生选用。通过观看操作录像让学生在头脑中建立起滴定分析操作活动的定向映像的过程。

第二阶段教师示范，包括理论讲授和动作示范。讲授介绍滴定管、容量瓶、移液管的结构和各部分的功能，重点放在以下几个方面：

（1）滴定管的使用：洗涤及排气泡的方法；读数的方法；滴定管的滴液速度控制，手指握持滴定管的位置；半滴的控制；滴定时摇瓶的方法等。

（2）容量瓶的使用：试漏的方法；移液的方法；平摇的方法；摇匀的方法。

（3）移液管的使用：洗涤的方法；移液时手指握持的位置；移液及放液的方法。

难点是学生对操作中细节的把握。在初学时要把操作中的细节讲解清楚，同时还要告诉学生为何要这样做，学生在无操作经验时较难理解，只有多练习、勤思考，才能逐步体会其中的道理。

示范时首先要强调实验台的仪器摆放，以便于让学生每次实验时都要养成良好的实验作风，示范时的动作要缓慢、条理清晰，动作要到位，每步动作的目的要明确，还要配上适当的讲解。

学生看完教师的示范后要对操作动作进行模仿，因有三种仪器的操作，可让学生分三大组分别进行练习，组内成员之间互相监督检验，教师进行巡视指导，发现错误及时纠正。同时可根据学生练习的情况进行强调或重复示范讲解，比较错误的和正确的动作，还要让学生明白为何不能那样做而只能这样做，加深学生的印象。此步的练习用自来水代替试剂。

第三阶段是进行动作巩固练习和初步的整合。当学生对滴定管、容量瓶、移液管的使用已经初步定型和到位后，可进行动作的整合。教师先清楚讲解实验的要求和步骤，之后学生进行练习。可用一些常用的试剂进行练习，如容量瓶和移液管的整合使用，可要求学生配制一定浓度硫酸铜溶液，滴定操作的整合可让学生用已知浓度的氢氧化钠溶液测定未知的盐酸溶液。通过这两个小实验可让学生进一步巩固容量仪器的使用。学生练习到一定程度时，可以要求学生用内反馈的方式自己把握动作定向，多次练习，逐步熟练。在指导时可利用行为主义的强化三原则，及时、多样地鼓励正确的操作、批评制止错误的操作，这些鼓励、批评要符合学生的需要，尽快地让学生形成正确的动作习惯，避免错误动作固定化。

第四阶段是动作的应用。通过让学生完成一个完整的工作任务来进一步提高对动作稳定性和速度的要求标准，并使学生形成生产能力。教师先初步讲解工业醋酸测定的原理，推导计算公式，之后引导学生总结出详细的实验步骤（教材中对实验步骤的描述只是简单的几句话，但做实验之前必须要写出详细的过程，务必让每个学生都清楚要做什么、如何做）。可采用教师讲解与学生分组讨论相结合的方法，确定每步实验的内容、所用仪器、药品的用量、如何量取等内容，对于公用的试剂，可由其中几组去配制，也可把学生分成几大组，每一大组共用一套试剂，这就需要同组的学生之间要互相配合。本阶段采用分组协作与个体学习相结合的方式,有利于学生协作能力的培养,同时还避免了药品的浪费。教师在学生做的过程中要对学生进行客观的评价,通过评价让学生进一步清楚容量分析仪器的使用要求。同时教师还应适时进行6S(清理、清洁、整理、整顿、安全、素养)考核,有利于提高学生的职业素质。

3. 教案特点

此教学案例是一个综合操作技能实训教学,特别适合采取动作技能教学法或四阶段教学法。在化工类专业课程中,类似的动作技能实训教学还有很多,如各种分析仪器的使用、各种单元动作设备的使用等,都适合采用动作技能教学法。在本案例中,为了学生自我建构知识和组织教学的便利,采用任务教学法这种教学形式,学生在完成工业醋酸含量的测定项目中学习了容量分析的知识和仪器的使用。这种形式更有利于学生的信息交流、互帮互学,但真正的核心还是动作技能教学法。

3.6　动作技能教学法在化学工程与工艺专业的应用案例二

3.6.1　乙苯脱氢制苯乙烯教学案例

"乙苯脱氢制苯乙烯"教学设计

(江苏省海门职业教育中心校　江勇提供)

一、教学对象分析

教学对象是某校化学工艺专业毕业班学生。在实验教学前,学生通过对《化学工艺学》的学习,已基本了解催化脱氢反应的基本原理、乙苯催化脱氢反应等温反应器和绝热反应器的工艺流程、各种操作条件对乙苯脱氢反应的影响、苯乙烯精制单塔流程的特点等。大部分学生由于实践操作机会较少,动手操作能力较差,认识的生产设备较少。希望通过本实践操作的教学来提高学生在化学工程与工艺流程中的基本操作技能。

二、教学内容分析

在基本有机化学中,催化脱氢和氧化脱氢反应是两类相当重要的化学反应,是生产高分子合成材料单体的基本途径。工业上应用的催化脱氢和氧化脱氢反应主要有烃类脱氢、含氧化合物脱氢和含氮化合物脱氢等几类,而其中尤以烃类脱氢最为重要。利用这些反应,可生产合成橡胶、合成塑料、合成树脂、化工溶剂等重要化工产品。

整个教学包括气固相管式催化反应器的构造、原理和使用方法,反应器正常操作和安装方法,控制仪的使用,气体在线分析的方法和定性、定量分析,微量泵和蠕动泵的原理和使用方法,使用湿式流量计测量流体流量的方法等。

三、教学目标

（1）通过乙苯脱氢实验进一步巩固反应过程和反应机理、特点。

（2）学习气固相管式催化反应器的构造、原理和使用方法，学习反应器正常操作和安装，掌握催化剂评价的一般方法和获得适宜工艺条件的研究步骤和方法。

（3）掌握控制仪的使用、如何设定温度和加热电流大小，以及怎样控制床层温度分布。

（4）学习气体在线分析的方法和定性、定量分析，学习如何手动进样分析液体成分。了解气相色谱的原理和构造，掌握色谱的正常使用和分析条件选择。

（5）学习微量泵和蠕动泵的原理和使用方法，学习使用湿式流量计测量流体流量。

四、教学过程设计

教学过程分为讲解要领、示范操作、指导练习、动作整合及巩固四个阶段。具体内容见表 3-4。

表 3-4 教学过程设计表

阶段	教师活动	学生活动	设计意图
1	讲解要领：介绍本次教学中所使用的主要设备，如气固相管式催化反应器、温度控制仪、气相色谱、微量泵和蠕动泵等。重点讲解这些设备的结构特点、功能用途等，对特别要注意的安全操作事项加以提醒	聆听教师讲解，并做笔记，按要求查找相关资料进一步学习等	通过听教师讲解，让学生在头脑中建立起气固相管式催化反应器、温度控制仪、气相色谱、微量泵和蠕动泵等设备的功能及应用概况
2	示范操作：先播放录像，演示气固相管式催化反应器、温度控制仪、气相色谱等设备的操作技术。再由教师亲自示范设备的操作过程，示范时注意分段演示和系统演示相结合，快慢结合，讲练结合，正确动作和错误动作相比较。其中特别要注意让每位学生都能实际模仿练习，及时指出学生出现的各个问题，以便学生动作的定向	学生先观看录像，初步了解气固相管式催化反应器、温度控制仪、气相色谱等设备的操作技术。再认真观察教师的操作示范，并通过实际模仿练习进一步学习设备的操作技术	通过模仿练习，学生可以检验已形成的动作定向映像，使之更完善、更巩固，具体把握操作步骤
3	指导练习：安排相关练习内容，如气固相管式催化反应器的使用方法，温度控制仪的使用，用气相色谱分析气体，用湿式流量计测量流体流量等。教师巡回指导，及时发现问题，及时纠错，并给出合适的评价。如果有普遍存在的问题，再集中讲解。教师对学生之间产生的不同观点进行适当评判	学生分组轮流进行气固相管式催化反应器的使用方法，温度控制仪的使用，用气相色谱分析气体，用湿式流量计测量流体流量等练习	通过对几种仪器设备的分组轮流练习，熟练单个仪器设备的操作使用方法。分组有利于学生相互指导学习，激发学生学习的兴趣，消除练习的单调性，提高学生的思考能力等

阶段	教师活动	学生活动	设计意图
4	教师给出乙苯脱氢生成苯乙烯的实践步骤。(见附件)并巡视指导学生操作	动作整合:根据乙苯脱氢生成苯乙烯的实践步骤,分组进行实操	将前面练习的基本操作连贯起来,基本形成动作的自动化
5	变化应用:教师改变反应温度,每次提高 20~30℃,指导学生重复上述实验步骤	动作巩固:学生按照改变的工艺条件继续实操,同组内的学生进行分工互换,以便掌握全部过程	增加动作技能的难度,并进一步提高对动作稳定性和速度的要求标准,使学生对动作的执行达到高度的完善,具有解决工作中实际问题的能力
反思	引导学生对实训各方面进行反思,提出过程中遇到的问题,在教师指导下解决问题,总结本实训课程的重点。同时教师也要对教学组织过程进行反思	学生针对训练中出现的问题进行自我反思,寻找原因及解决措施,总结提高	通过指导学生进行反思,总结成功的经验,促进学生动作技能的获得

五、教学评价

(1) 通过本实践的操作,你掌握了哪些设备的基本操作? 掌握的程度是熟练、基本熟练、一般、生疏还是完全不会?

(2) 在本实践的操作中,你出现了哪些问题? 有无解决? 如何解决的?

(3) 你认为教学中,哪些方面还要进行改进?

附

乙苯脱氢生成苯乙烯的实践步骤如下:

(1) 在反应器底部放入 10~20 cm 高的瓷环,准确量取瓷环高度并记录,瓷环应预先在稀盐酸中浸泡,并经过水洗、高温烧结,以除去催化活性。

(2) 用量筒量取 20 mL 催化剂,然后用天平称量催化剂质量,并记录。

(3) 将称量好的催化剂缓慢地加入反应器中,然后记录催化剂高度,确定催化剂在反应器内的装填高度。

(4) 在催化剂上方继续加入瓷环,一直到反应管顶部。然后将反应器顶部密封。

(5) 将反应管放入加热炉中,连接乙苯和水的进口,拧紧卡套。连接好空气冷凝器和反应器的接口,并把玻璃收集瓶和冷凝器连接好。玻璃收集瓶应放置在烧杯内,烧杯内装有适量的水、冰、盐混合物,以保持冷却温度在零摄氏度以下,使产物中的苯和甲苯能完全冷凝成液体而被收集起来,没有冷凝的氢气和甲烷、乙烷则进入六通阀内进行分析,然后进入湿式气体流量计计量尾气流量。

(6) 按照实验要求,将反应器加热温度设定为 620~630 ℃,预热器温度设定为 300~500 ℃(可根据反应器温度分配情况调节)。温度达设定值后,继续稳定 10~20 min,然后开始加入乙苯和水。乙苯的加料速度为 $1.0\sim1.5\,\mathrm{mL/min}$。水和乙苯的进料摩尔比为 $(8:1)\sim(9:1)$，并因此确定水的加料速度。

（7）反应进行 $20\,\mathrm{min}$ 后，正式开始实验。换掉反应器下的吸收瓶，并换上清洗干净的新瓶，检查升降台并调节其高度。记录湿式气体流量计读数，应每隔一定时间记录反应温度等实验条件。

（8）每个温度下反应 $30\sim60\,\mathrm{min}$，可以自行确定。然后取下玻璃瓶，用天平对液体产物准确称量。

3.6.2　乙苯脱氢制苯乙烯案例分析

1. 教学方法的确定

乙苯脱氢制苯乙烯是有机化工生产中的综合学习训练。主要是学习气固相管式催化反应器的正常操作和安装，控制仪的使用，气体在线分析的方法和定性、定量分析，微量泵和蠕动泵的原理和使用方法，使用湿式流量计测量流体流量的方法等。通过综合学习训练熟悉气固相管式催化反应器的构造、原理。在此之前，学生通过对《化学工艺学》的学习，已了解催化脱氢反应的基本原理、乙苯催化脱氢反应等温反应器和绝热反应器的工艺流程、各种操作条件对乙苯脱氢反应的影响、苯乙烯精制单塔流程的特点等理论内容。所以教学重点放在操作练习上，此教学内容适合采用动作技能教学法，通过实践操作的教学来提高学生在化工生产中的基本操作技能，并巩固相关的理论知识。为了组织教学的需要，采用任务（驱动）教学法的形式组织教学，即在任务教学法的形式下实施四阶段教学法。

教学场地选择理论教学与实操训练同体，并附带多媒体教学平台的实训室为最好，如果不具备此类实训室，可先在多媒体教室上课，播放气固相管式催化反应器、温度控制仪、气相色谱等设备的操作示范后，再转至实训室。

2. 教学过程分析

第一阶段是工作准备阶段。通过听教师简单介绍本次教学所用的仪器设备概况及其作用，让学生在头脑中建立起气固相管式催化反应器、温度控制仪、气相色谱、微量泵和蠕动泵等设备的功能及应用的概况。本阶段主要进行学习情境的创设和学习动机的激发，也可以说是学习物质条件的准备和精神准备，这个阶段还未真正进入操作技能学习的第一个步骤，但却是必需的，没有这个准备，下一步的学习不能正常进行。

第二阶段是示范讲解和模仿练习。因本次教学涉及的仪器设备较多，教师的示范可采用两种方式并分段进行。先用录像播放仪器设备的操作，教师紧接着进行现场的示范讲解，在演示中要注意分段演示和系统演示相结合，把正确操作和错误操作对比演示，加深学生对动作的理解。讲完一种设备的使用后，可找个别学生进行操作尝试，通过对该学生操作的评价进一步强化学生对正确操作的印象。同时，教师在讲解要领时，应引导学生联系前面学过的相关理论知识。通过模仿练习，学生可以检验已形成的动作定向映像，使之更完善、更巩固,具体把握操作步骤。

第三阶段是学生在教师的指导下进行分组练习。学生分组进行气固相管式催化反应器的使用方法,温度控制仪的使用,用气相色谱分析气体,用湿式流量计测量流体流量等操作练习。教师巡回指导,及时发现问题,及时纠错,并给出合适的评价。如果有普遍存在的问题,再集中讲解。教师对学生之间产生的不同观点进行适当评判。分组学习,便于组内讨论、交流互学,学生自己构建知识。学生无工作经验,容易在注意一方面的要求时,忽略另一方面的要求,教师在巡视指导时应经常提醒学生这一点。

第四阶段是动作整合和变化应用。教师给出实验操作步骤,学生将前面练习的基本操作连贯起来,根据操作步骤进行实验。学生对操作步骤熟练后,教师改变操作工艺条件,增加动作技能的难度,并进一步提高对动作稳定性和速度的要求标准,使学生对动作的执行达到高度的完善,具有解决工作中实际问题的能力。在此阶段,教师应鼓励和要求学生采取内反馈(自我反馈)的方式掌握操作行为,随时将自己的动作与正确的操作行为比较,以记忆中的教师或视屏的正确操作作为自己动作的引导,反复练习,而不依赖教师指导或其他人的帮助。教师在这段时间可以减少巡视指导,发挥学生的主观能动性,明确告诉学生,要想学会技能、达到自动化,必须经过内反馈练习过程,即自己指导自己、自己把握自己的动作行为的反复练习过程,否则达不到技能的熟练。

3. 教案特点

乙苯脱氢制苯乙烯是有机化工生产中的综合训练,包含反应器、流量计、气相色谱的使用等内容。这些技能都是动作技能,因此采用动作技能(四阶段)教学法。乙苯脱氢制苯乙烯需多项工序,存在工序的排序问题,即工艺问题。案例给出了实验步骤,也就是说工艺已经给出,学生不必考虑工艺编制,但从该任务的完成过程中知道应考虑工艺问题,且通过多次反复实践熟悉了工艺流程。

乙苯脱氢制苯乙烯是一项工作任务,学生在完成工作任务的过程中自己构建知识、锻炼能力,故采用任务驱动教学法(见后续内容)的形式组织教学,任务驱动教学法简称任务教学法。在任务教学法的形式中,核心的教学法还是动作技能(四阶段)教学法。

3.7　动作技能教学法在化工类专业的应用案例三

3.7.1　列管换热器的操作和传热系数的测定教学案例

"列管换热器的操作和传热系数的测定"教学设计

(江苏丰县职教中心　赵剑海提供)

一、教学对象分析

教学对象是化学工艺专业三年级学生。在实验教学前,学生通过对《化学工艺学》的学习,已基本了解列管换热器的操作和传热系数的测定的基本原理、列管换热器的操作和传热系数的测定工艺流程、各种操作条件对其影响等。大部分学生由于实践操作机会较少,动手操作能力较差,认识的生产设备较少。希望通过本实践操作的教学来提高学生的基本操作技能。

二、教学内容分析

列管换热器是化工生产中常用的换热设备之一,通过冷热流体的热交换达到加热或冷却的目的。由于传热元件的结构不同,换热器的性能差异颇大。为了合理选用或设计换热器,对它们的性能应该有充分的了解,通过实验测定换热器的性能是重要途径之一。

三、教学目标

(1) 能描述换热器的结构。

(2) 学会换热器的操作方法。

(3) 会测定换热器传热系数。

四、教学内容的重点和难点

(1) 列管换热器的结构、有关热工测量仪表的使用方法。

(2) 实验数据的处理及分析。

五、教学过程

1. 讲解

[教师行为]讲解实验原理。

换热器是一种节能设备,它既能回收热能,又需消耗机械能,因此,度量一个换热器性能好坏的标准是换热器的传热系数 K 和流体通过换热器的阻力损失。前者反映了回收热量的能力,后者是消耗机械能的标志。传热系数 K 可由传热速率方程和热量平衡算式求取。

(1) 对于液液不变相换热系统,由热量衡算知:

$$Q_h = Q_c + Q_{损} \tag{3-1}$$

$$Q_h = G_H c_{ph} (T_i - T_o) \tag{3-2}$$

$$Q_c = G_c c_{pc} (t_o - t_i) \tag{3-3}$$

(2) 换热器的换热量(考虑误差后的数值):

$$Q = \frac{Q_h + Q_c}{2} \tag{3-4}$$

(3) 传热速率方程:

$$Q = KA\Delta t$$
$$A = 0.4 \text{ m}^2 \tag{3-5}$$

$$\Delta t = \frac{(T_i - t_o) - (T_o - t_i)}{\ln \dfrac{T_i - t_o}{T_o - t_i}} \tag{3-6}$$

（4）本次实验即用实验法测量换热器的传热系数 K：

$$K = \frac{Q}{A \Delta t} \tag{3-7}$$

以上（3-1）至（3-7）各公式中，Q_h——热流体的放热量；Q_c——冷流体的吸热量；$Q_损$——换热损耗量；G_H——热流体流量；c_{ph}——热流体比热；T_i——热流体进口温度；T_o——热流体出口温度；t_i——冷流体进口温度；t_o——冷流体出口温度；K——传热系数；A——换热器换热面积；Δt_m——平均温度差。

［教师行为］讲解流程及装置图。

本实验物系为水（冷流体）-空气（热流体），传热设备为列管换热器。水由水源来，经转子流量计测量流量、温度计测出进口温度后，进入换热器壳程，换热后在出口测出其出口温度。空气自风源来，经转子流量计测量流量后，进入加热器加热到 90~100 ℃，流入换热器的管程，并在其进、出口处测量相应温度。空气走管程，水走壳管程，如装置图 3-2所示。

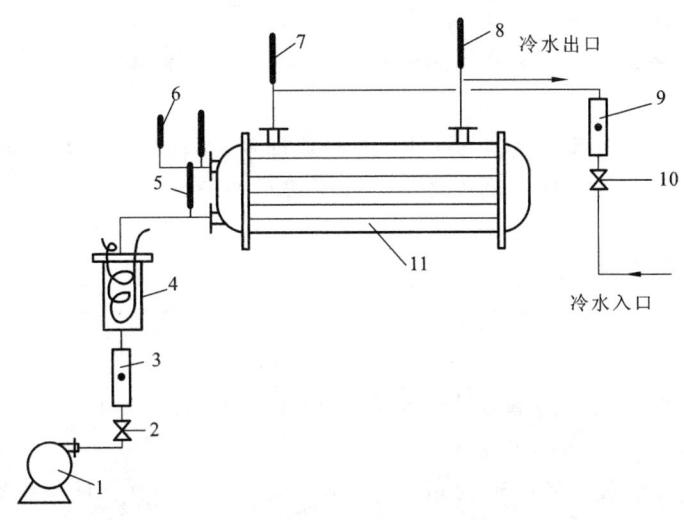

图 3-2　换热器传热系数的测定实验装置

1—风机；2—热空气调节阀；3—转子流量计；4—加热器；5—空气进口温度计；6—空气出口温度计；

7—水进口温度计；8—水出口温度计；9—转子流量计；10—水流量调节阀；11—列管换热器

辅助仪器：

列管换热器（换热面积 $A = 0.45~\text{m}^2$），转子流量计（转子的最大截面为示数基准），缓冲罐（作用为吸收震动，储存气体）

［学生行为］听讲、记笔记、查资料等。

［设计意图］通过对实验原理讲解，让学生回顾热量平衡方程及传热速率方程，明确

传热系数的计算方法,了解本实验要测量的数据,明确实验目的;通过了解本实验装置流程图,初步知道了测量点的位置。

2. 示范操作

[教师行为]先播放录像,演示传热系数测定时的操作过程(若无录像,可找另一位教师配合操作,任课做讲解;或由任课教师边做边讲解)。再由教师亲自示范设备的操作过程,示范时注意分段演示和系统演示相结合,快慢结合,讲练结合,正确动作和错误动作相比较。其中特别要注意让每位学生都能实际模仿练习,及时指出学生出现的各个问题,以便学生动作的定向。

[学生行为]学生先观看录像,初步了解传热系数测定的方法和过程。再认真观察教师的操作示范,并通过实际模仿练习进一步学习设备的操作技术。

[设计意图]通过模仿练习,学生可以检验已形成的动作定向映像,使之更完善、更巩固,具体把握操作步骤。

3. 指导练习

[教师行为]安排学生分组进行传热系数测定的操作,如各种阀件、流量计、旋涡泵的使用;空气温度、水量、空气流量的调节等。教师巡回指导,及时发现问题,及时纠错,并给出合适的评价。如果有普遍存在的问题,再集中讲解。教师对学生之间产生的不同观点进行适当评判。

[学生行为]学生分组轮流进行各种阀件、流量计、旋涡泵操作练习,调节空气温度、水量、空气流量等练习。

[设计意图]通过对几种仪器设备的分组轮流练习,熟练单个仪器设备的操作使用方法。分组有利于学生相互指导学习,激发学生学习的兴趣,消除练习的单调性,提高学生的思考能力等。

4. 实践应用

[教师行为]给出列管换热器的操作和传热系数的测定实践步骤和注意事项。

实验操作步骤:

(1) 开供水阀,将水流量按顺序调节至 20 L/h、40 L/h、60 L/h。

(2) 打开流量计放空阀,启动旋涡泵。

(3) 将空气流量顺序调节至 12 m³/h、14 m³/h、16 m³/h,打开电加热器电源开关,调节电压加热(120～150V),使温度 $T=85\sim100\ ℃$,然后将电压降至 50～70 V 以使 T 保持稳定。

(4) 在空气流量不变的情况下,改变 3 次水流量。

(5) 当空气流量、水流量固定时,微调电压,使热空气进口温度稳定在某一值约 10 min 达到热平衡,即冷水出口温度 t_{out} 不变时读数。

(6) 记录数据:$G_{空气}$、$G_水$、T_i、T_o、T_i、T_o。

(7) 实验完毕,先关闭电加热器开关,待空气进口温度＜60 ℃时,再关闭空气阀停气,最后关冷水调节阀和进水阀。

实验注意事项:

(1) 打开顺序为水—空气—电加热器;关闭顺序为电加热器—空气($T_i < 60℃$)—水。

(2) 气流量调节、电压调节要缓慢,每测一个点,待传热稳定后读数。

(3) 空气流量调节用放空阀分流调节。

(4) 空气温度不得超过 105 ℃。

(5) 空气转子流量计的调节阀缓慢开启和关闭,以免损坏流量计。

(6) 考虑流量和加热器功率,以及温度显示滞后问题。

(7) 由于液体的密度、热容远大于气体的密度、热容,因而液体侧的扰动与误差对实验结果的影响明显。调试时液体在小流量范围(20~60 L/h)内变化(取 3 个点),这样气体流量改变时,读数误差影响较小。

[学生行为]

(1) 根据实践步骤,将前面练习的基本操作连贯起来,基本形成动作的自动化。

(2) 记录数据并填入表 3-5,算出每组数据中的传热系数。

表 3-5　列管换热器传热系数的测定

热　流　体			冷　流　体			换热器温度分布图
进口温度 $T_i/℃$	出口温度 $T_0/℃$	流量计读数/(L/h)	进口温度 $T_i/℃$	出口温度 $T_0/℃$	流量计读数/(L/h)	

(3) 讨论实验结果。

[设计意图]将前面练习的基本操作连贯起来,基本形成动作的自动化。

5. 反思总结

(1) 学生针对训练中出现的问题,进行自我反思,寻找原因,总结提高。

(2) 实验中哪些因素影响实验的稳定性?

(3) 影响传热系数 K 的因素有哪些?

(4) 在传热中,可以主动调节哪些数据?

[设计意图]通过由教师指导学生进行反思,总结成功的经验,促进学生操作技能的获得。同时教师也要对本次教学过程进行反思,有助于提高教师的教学能力。

6．教学评价

（1）通过本实践的操作，你掌握了哪些设备的基本操作？掌握的程度是熟练、基本熟练、一般、生疏还是完全不会？

（2）在本实践的操作中，你出现了哪些问题？有无解决？如何解决的？

（3）你认为教学中，哪些方面还要进行改进？

3.7.2　列管换热器的操作和传热系数的测定案例分析

1. 教学方法的确定

列管换热器的操作和传热系数的测定是一个相对简单的综合学习训练。主要是学习各种阀件、流量计、旋涡泵的使用；空气温度、水量、空气流量的调节等。通过综合学习训练进一步熟悉列管换热器的结构及传热机理，并进一步巩固热量衡量公式的应用。在此之前，学生通过对《化工原理》的学习，已经了解了传热系数测定的基本原理、列管换热器的操作和传热系数的测定工艺流程、各种操作条件对其影响等。所以教学重点放在操作练习上，此教学内容适合采用动作技能教学法，通过实践操作的教学来提高学生的基本操作技能，并巩固相关的理论知识。

为了组织教学的需要，采用任务（驱动）教学法的形式组织教学，即在任务教学法的形式下实施四阶段教学法。

教学场地选择理论教学与实操训练同体，并附带多媒体教学平台的实训室为最好。如果不具备此类实训室，可先在多媒体教室上课，播放传热系数测定的操作过程，再转至实训室。

2. 教学过程分析

第一阶段是准备阶段。通过对实验原理、测定装置工艺流程图的讲解，让学生回顾热量平衡方程及传热速率方程，明确传热系数的计算方法，了解本实验要测量的数据，明确实验目的；通过了解本实验装置流程图，初步知道了测量点的位置。让学生在头脑中建立起各种阀件、流量计、旋涡泵的使用方法；空气温度、水量、空气流量的调节方法；传热系数的测定方法等。本阶段主要进行学习情境的创设和学习动机的激发，也可以说是学习物质条件的准备和精神准备，这个阶段还未真正进入操技能学习的第一个步骤，但却是必需的，没有这个准备，下一步的学习不能正常进行。

第二阶段是示范讲解和模仿练习。先用录像播放仪器设备的操作，教师紧接着进行现场的示范讲解，在演示中要注意分段演示和系统演示相结合，把正确操作和错误操作对比演示，加深学生对动作的理解。讲完一种设备的使用后，可找个别学生进行操作尝试，通过对该学生操作的评价进一步强化学生对正确操作的印象。同时，教师在讲解要领时，应引导学生联系前面学过的相关理论知识。通过模仿练习，学生可以检验已形成的动作定向映像，使之更完善、更巩固，具体把握操作步骤。

　　第三阶段是学生在教师的指导下进行分组练习。学生分组进行传热系数测定的操作,如各种阀件、流量计、旋涡泵的使用;空气温度、水量、空气流量的调节等。教师巡回指导,及时发现问题,及时纠错,并给出合适的评价。如果有普遍存在的问题,再集中讲解。教师对学生之间产生的不同观点进行适当评判。分组学习,便于组内讨论、交流互学,学生自己构建知识。学生无工作经验,容易在注意一方面的要求时,忽略另一方面的要求,教师在巡视指导时应经常提醒学生这一点。

　　第四阶段是动作整合。教师给出实验操作步骤,学生将前面练习的基本操作连贯起来,根据操作步骤进行实验。学生对操作步骤熟练后,教师改变操作工艺条件,增加动作技能的难度,并进一步提高对动作稳定性和速度的要求标准,使学生对动作的执行达到高度的完善,具有解决工作中实际问题的能力。在此阶段,教师应鼓励和要求学生采取内反馈(自我反馈)把握操作行为,随时将自己的动作与正确的操作行为比较,以记忆中的教师或视屏的正确操作作为自己动作的引导,反复练习,而不依赖于教师的指导或其他人的帮助。

3. 教案特点

　　列管换热器的操作和传热系数的测定是通过对单元设备的操作测定其特征参数的典型案例,包含各种阀件、流量计、旋涡泵的使用;空气温度、水量、空气流量的调节等内容。这些技能都是动作技能,因此采用动作技能(四阶段)教学法。传热系数的测定需多项工序,存在工序的排序问题,即工艺问题,案例给出了实验步骤,也就是说工艺已经给出,学生不必考虑工艺编制,但从该任务的完成过程中知道应考虑工艺问题,且通过多次反复实践熟悉了工艺流程。

练　习　题

一、问答题

1. 影响练习效果的因素有哪些?

2. 教师在进行动作技能的示范操作时应该注意哪些方面?

二、设计题

请结合化学工程与工艺专业,用动作技能(四阶段)教学法设计一个实际教案,并在培训学员中说课评讲。

第4章 项目教学法与任务教学法在化学工程与工艺专业的应用

4.1 引 言

项目教学法是在建构主义的指导下,以实际的工程项目为对象,先由教师对项目进行分解,并做适当的示范,然后让学生分组围绕各自的工程项目进行讨论、协作学习,最后以共同完成项目的情况来评价学生是否达到教学目的的一种教和学的模式。

本章旨在使中职学校的教师了解项目教学法的基本理论,培养教师能够熟练地将项目教学法与本专业的课程结合,且能够独立进行项目教学的课程设计和实施的能力。本章的学习内容主要包括项目教学法的基本理论、主要概念和知识点;项目教学的设计原则、步骤;项目教学的实施条件以及实施过程;项目教学法的应用实例等。

在学习本章时,能够了解建构主义的学习理论以及项目教学的特点,熟练掌握项目教学的设计原则,根据这些设计原则和教学设计步骤独立进行专业课的项目教学设计;了解项目教学法的构成要素;能够根据项目教学法的实施条件决定一门课程能否采用项目教学,在可以实施的情况下,根据实施步骤独立实施项目教学;将项目教学法与已经掌握的教学方法做对比,思考分析出项目教学法与其他的一些教学方法的区别,并且能够根据课程的需要选择适当的教学方法。

4.2 项目教学法的引入

[例一]木匠的儿子说,我们老师说了,从今天开始,我们老师使用项目教学了……讲了一大套理论。老木匠说,20年前,我带徒弟时,就是从做一个小板凳开始的,就是项目教学法了,只是没有这些理论而已。

[例二]"给你55分钟,你可以造一座桥吗?"

教育专家弗雷德·海因里希教授在德国及欧美国家素质教育报告演示会上,曾以这样一则实例介绍项目教学法。首先由学生或教师在现实中选取一个"造一座桥"的项目,学生分组对项目进行讨论,并写出各自的计划书;接着正式实施项目——利用一种被称为"造就一代工程师伟业"的"慧鱼"模型拼装桥梁;然后演示项目结果,由学生阐述构造的机理;最后由教师对学生的作品进行评估。通过以上步骤,可以充分发掘学生的创造潜能,并促使其在提高动手能力和推销自己等方面努力实践。

下面,让我们来看一个中职学校的真实项目教学法教案案例。

《原电池》的项目教学法教案(平顶山市工业学校 张伟云提供)如下:

项目	内　　容	说明
教案名称	《原电池》的项目驱动法教学设计	《原电池》内容是《无机化学》中的重要组成部分，也是较难的一部分内容，其教学策略有一定的代表性
教学对象	中职化工专业一年级学生	
教学目标	知识目标： 1. 使学生了解原电池装置，认识原电池的化学原理 2. 掌握形成原电池的条件，以及原电池中能量的转化关系 能力目标： 1. 培养学生熟练应用电流计的能力 2. 通过设计实验，培养和发展学生的观察能力、思维能力、自学能力和实验能力 3. 培养学生的团队合作精神和交流合作能力 情感目标： 通过原电池的观察、实验，培养学生注意观察，勤于动脑、动手，善于反思，分析与总结的良好学习习惯。同时，增强学生的自主探究，团结合作的意识	教学目标的设计除了要考虑学生对知识的掌握外，还要考虑学生能力的培养，包括专业能力、社会能力和方法能力
教学媒体、资源、工具、设备	多媒体课件 模型 实验仪器：原电池装置 24 个、灵敏电流计 24 个、干电池 24 个、Cu 片、Zn 片、碳棒、导线、$CuSO_4$ 溶液、$ZnSO_4$ 溶液等 教材、相关工具书、网络资源等	教学资源是多方面的，包括教材、课件、实验仪器及试剂、学习可利用的其他信息资源等
教学重点	原电池工作原理	
教学难点	原电池的化学原理和构成原电池的条件	
教学方法	项目教学法	
教学设计思路	**准备阶段**　将整个班级分为若干个项目小组，每组选出一名"项目经理"，由项目经理负责组织小组成员讨论项目要求，落实项目分工并实施，形成教师、项目经理、小组成员的三级管理体制。描述真实的案例，提出案例的问题	将性情相投以及学习习惯和生活习惯相近的学生自由组合在一起，以便课题讨论学习以及查阅资料时能融合在一起。小组长要随时跟进本组组员的学习情况，协调学习过程，并综合本组的学习进行的程度。教师在此过程中要适当指导学生，且要及时指点学生不能解决的问题
	展开阶段　提出工作任务，明确项目完成的进度时间表；要求小组长对该组项目实施过程做详细记录，如人员分工，具体进度安排，出现的问题，问题解决的方法等；教师跟踪每组的学习情况，参与讨论，及时进行技术技巧的辅导，协调小组中出现的分歧；鼓励学生大胆进行创新思维，对学生中出现的"主见"给予充分肯定。各组将设计好的项目一一试验，看能否达到预期效果	
	结束阶段　教师要及时对完成的一个个阶段性小项目进行总结与回顾，对学生的表现进行当堂认可，然后就主要问题进行集中解决。最后作出学习评价。评定从两方面入手，即结果性评价和过程性评价。结果性评价主要是考查学生是否达到了学习目标，过程性评价主要是考察学生的学习能力、协作能力、工作态度	

项目		内　容	说明
教学步骤	教学准备	提前两周布置、搜集信息任务：搜集原电池的用途资料；搜集电池类型的资料	给学生足够的时间了解要学内容，同时培养学生的自学能力
	情境创设导入课堂	1. 教师展示多媒体图片：手电筒、电动自行车、火箭发射、航天飞机、飞船、卫星等 解释图片：在各种设备中有一必不可少的器件——原电池，我们今天就来一起认识一下原电池 2. 显示教学目标	让学生对原电池的用途有一定的感性认识，了解本次课内容的用途
	概念的学习	1. 学生分组汇报搜集的信息资料：什么是原电池？用途如何 2. 原电池的定义： 化学能转化成电能的装置，称为原电池 原电池有两个电极：正极、负极 外电路电流：正极→灵敏电流计→负极 内电路电流：负极→正极 3. 教师点评总结： 原电池——化学能转化成电能的装置； 原电池的用途是给设备提供充足的电量	通过学生搜集资料，培养学生搜集、整理信息的能力
	认识电池的类型	1. 教师展示干电池、蓄电池、充电电池、高能电池、锂电池、新型燃料电池、氢氧燃料电池，以及铝、空气燃料电池实物或图片 2. 学生汇报回答类型 3. 教师点评、总结	通过学生分组回答的情况，评价学生搜集、整理信息的能力
	认识电池的结构	1. 学生拿干电池实物观察 2. 教师带领学生打开干电池 3. 学生回答他所看到的细节 4. 教师解释每个组成部分 (1) 铜帽为电池正极，锌皮为电池负极 (2) 打开电池你看到了什么 解释：黑色带有液体的是含有电解质的化学物质，中间与铜帽连在一起的是碳棒，起导电作用	通过观察、听讲干电池的结构，了解原电池的结构及各部分的作用，培养主动学习的能力

续表

项目		内　容	说明
教学步骤	认识工作任务	1. 问题的提出(任务描述):电池里面只有化学物质,但是可以产生电,这是大家从生活中得到的。要求学生自行设计并连接一原电池 2. 问题的解决思路 (1) 化学能转变为电能,形成回路就有电流产生,就有电子的定向移动,就一定发生了氧化还原化学反应 (2) 多媒体演示氧化还原反应:Zn 与 $CuSO_4$ 的反应、化学反应方程式及电子转移方向 提问:用哪一种仪器检测电流 (3) 用灵敏电流计(串联)检测是否有电流产生。灵敏电流计有两个偏转方向,根据接线柱颜色不同及指针偏转方向可判断电流方向。根据反应现象判断哪些物质参加了反应。可总结出哪些能形成原电池,也就是形成原电池的条件	在对以上基础内容学习之后,提出本次教学要解决的问题,并视学生的反应提示解决问题的思路
	设计方案(分组)	1. 实验台上准备了一些仪器、药品和电器原件,可以任意组合。各组进行项目设计,看哪些能组合形成原电池,并总结形成原电池的条件 2. 电路设计与分析(分四步): (1) 问题:仪器中哪些可以分别作为原电池的两个电极?学生思考分析:(Cu 片、Zn 片或碳棒,两两组合) (2) 问题:哪些可以作电解质溶液 (3) 问题:能设计几种原电池组合 (4) 问题:如何检测设计的原电池组合是否可行 总结出哪些能形成原电池,也就是形成原电池的条件 	教师可根据具体情况进行提示: 1. 共有六种组合方法。Cu 片、Zn 片 和 $CuSO_4$ 溶液;Cu 片、Zn 片 和 $ZnSO_4$ 溶液;Cu 片、碳棒 和 $CuSO_4$ 溶液;Cu 片、碳棒 和 $ZnSO_4$ 溶液;Zn 片、碳棒 和 $CuSO_4$ 溶液;Zn 片、碳棒 和 $ZnSO_4$ 溶液 2. 串联一个灵敏电流计,检测是否有电流产生。若无电流产生,分析原因;若有电流产生,根据接线柱颜色不同及指针偏转方向判断电流方向。称量电极反应前后的质量,根据反应现象判断哪些物质参加了反应
	实操	分24组,2人一组,组长分好工:1人做准备并记录,1人负责接线、称量。 1. 说明注意事项和操作要领 2. 熟悉灵敏电流计、接线柱、碳棒 3. 按实验设计图连接电路 4. 检查电路,并报告结果 5. 经教师同意后,准备实验:电极放入电解质溶液中,操作并观察,记录 6. 实训结束,拆线、洗涤仪器、整理实验台等	时间约 80 分钟,请已完成组举手,未完成组说明原因,教师给予讲解。未完成组继续,由其他已完成组员提供帮助,到完成为止(培养团队协作意识)

项目		内　　容	说明
教学步骤	总结工作原理及形成条件	播放多媒体动画:Cu 片、Zn 片和 $CuSO_4$ 溶液所组成原电池的实验,使学生能形象生动地看到它们的反应原理、电极反应及电子转移方向 引导学生根据实验现象分析总结形成原电池的条件: 1. 两个能导电、活泼性不同的金属(或金属和非金属)作为电极材料 2. 能自发发生氧化还原反应 3. 形成闭合回路 4. 电解质溶液提供自由移动的离子	注意动画显示反应是依次进行的,是为了让学生知道电子转移的方向,实际反应是同时进行的
	评价	评价从两方面入手,即结果性评价和过程性评价 评价内容:过程性评价主要是考查学生组员的学习能力、协作能力、工作态度;结果性评价主要是考查学生是否达到了学习目标,如工具使用正确、检测方法正确、操作顺序得当、达到预期效果。就训练中出现的主要问题进行分析,并提出解决方法 (建立项目卡,作为实训成绩依据)	教师对完成的项目进行总结与回顾,对完成较好组员的表现进行当堂认可,然后就主要问题进行集中解决
	知识拓展	播放多媒体,分析:电池污染环境,怎样处理回收废旧原电池	培养学生的环保意识
	家庭小实验	在一瓣橘子上相隔 0.5 cm 分别插一小段铜片和铝片,把铜片和铝片的另一端通过导线接触耳机的两极,试试能否听到"嘎嘎"声。能够从耳机中听到"嘎嘎"声,说明了什么? 用其他金属、水果、液体再试一试	鼓励学生灵活运用所学知识
	问题与思考	下列哪些装置能构成原电池 Zn Cu 稀硫酸(1)　Fe Cu 乙醇(2)　Fe C 食盐水(3)　C Fe 食盐水(4) Fe Cu $CuSO_4$溶液(5)　Zn Zn 稀硫酸(6)　C C 食盐水(7)　Pt Pt 熔融NaCl(8)	巩固所学知识
	结束语	学习的目的不单是掌握知识,重要的是学会用自己的眼睛去观察,学会用自己的心灵去感悟,学会用自己的头脑去思考,学会用自己的语言去表达	

4.3　项目教学的理论基础

支持项目教学的理论基础主要有建构主义学习理论、杜威的实用主义教育理论、情境学习理论和布鲁纳的发现学习理论。

4.3.1　建构主义学习理论

建构主义(constructivism)最早由著名的瑞士心理学家皮亚杰(J. Pigaet)提出。现代建构主义理论的先驱是苏联的维果斯基。

建构主义认为,知识不是通过教师传授得到的,而是学习者在一定的情境即社会文化背景下,借助其他人(包括教师和学习伙伴)的帮助,利用必要的学习资料,通过意义建构的方式获得的。建构主义的学习观认为学习不是由教师把知识简单地传递给学生,而是由学生自己建构知识的过程。学生不是简单被动地接收信息,而是主动的建构意义,是根据自己的经验背景,对外部信息进行主动的选择、加工和处理,从而获得自己的意义。外部信息本身没有什么意义,意义是学习者通过新旧知识经验间的反复的、双向的相互作用过程而建构成的。学习意义的获得,是每个学习者以自己原有的知识经验为基础,对新信息重新认识和编码,建构自己的理解。这种建构是无法由他人来代替的。

建构主义的教学观认为教学应从问题开始而不是从结论开始,让学生在问题解决中进行学习,提倡学中做与做中学,而不是知识的套用,强调以任务为驱动并注意任务的整体性。建构主义要求学生面对认知复杂的真实世界的情境,并在复杂的真实情境中完成任务,要求学生主动去搜集和分析有关的信息资料,对所学的问题提出各种假设并努力加以验证,要善于把当前学习内容尽量与自己已有的知识经验联系起来,并对这种联系加以认真思考。联系和思考是意义建构的关键。在整个教学过程中学生是教学活动的积极参与者和知识的积极建构者,教师成为学生学习的高级伙伴或合作者。

建构主义的课程观强调用情节真实、复杂的故事呈现问题,营造问题解决的环境,以帮助学生在解决问题的过程中活化知识,变事实性知识为解决问题的工具;主张用产生于真实背景中的问题启动学生的思维,由此支撑并鼓励学生进行解决问题的学习。建构主义的课程观是与基于案例的学习、基于问题的学习以及基于项目的学习密切相关的一种课程设计理念。项目教学,实质上就是一种基于建构主义学习理论的探究性学习模式。项目教学与建构主义学习理论均强调活动建构性,强调应在合作中学习;在不断解决疑难问题中完成对知识的意义建构。

4.3.2 杜威的实用主义教育理论

杜威针对"以课堂为中心,以教科书为中心.以教师为中心"的传统教育,提出实用主义教育理论,主要观点包括:①以经验为中心。杜威认为:"知识不是由读书或人解惑而得来的结论"、"一切知识来自于经验。"他在《经验与教育》一书中提出:"教育即生活,教育是传递经验的方式。"他认为"为了实现教育的目的,不论对学习者个人来说,还是对社会来说,教育都必须以经验为基础——这些经验往往是一些个人的实际的生活经验。"②以儿童为中心。实用主义反对传统教育忽视儿童的兴趣和需要的做法,主张教育应以儿童(或者说受教育者)为起点。③以活动为中心。杜威认为,崇尚书本的弊端是没有给儿童提供主动学习的机会,只提供了被动学习的条件。他提出:"学校主要是一种社会组织。教育既然是一种社会过程,学校便是社会生活的一种形式。"由此,杜威提出"做中学"教育理论,主要包括五个要素;设置疑难情境,使儿童对学习活动有兴趣;确定疑难在什么地方,让儿童进行思考;提出解决问题的种种假设;推动每个步骤所含的结果;进行试验、证实、驳斥或反证假设,通过实际应用,检验方法是否有效。这五个要素的实质是从实践中培养学生的能力。

项目教学是以真实的或模拟的工作任务为基点,让学生利用各种校内外的资源及自身的经验,采取"做中学"的方式,通过完成工作任务来获得知识与技能。项目教学强调现实、强调活动,与杜威的实用主义教育理论是一致的。

4.3.3 情境学习理论

情境学习理论有心理学传统的情境学习理论和人类学传统的情境学习理论两个流派。心理学传统的情境学习理论认为,知识是情境化的,而不是抽象,是在个体与情境相互作用的过程中被建构的,而不是被客观定义或主观创造的。基于这种知识观,学习是不能跨越情境边界的,学习在本质上是情境性的,情境决定了学习内容与性质。按照这种学习观,建构知识与理解的关键是参与实践。而项目教学的内容主要是来自工作世界的实践任务,学生是在完成实践任务的过程中获得职业能力的发展。

人类学传统的情境学习理论的代表人物莱夫在对手工业学徒的实地调研中发现了在学习过程中默会知识对新手的重要性,提出了情境学习的观点,认为:"学习是情境性活动,没有一种活动不是情境性的","学习是整体的不可分的社会实践,是现实世界创造性社会实践活动中完整的一部分。"进而提出:"学习是实践共同体中合法的边缘性参与"。按照莱夫和温格尔的界定,实践共同体意味着参与一种活动体系,参与者共同分享对他们所做的事情的理解,以及这对于他们的生活和共同体意味着什么。1998 年温格尔在其著作《实践共同体:学习、意义和身份》中进一步对实践共同体进行了更深入的探讨。他认为,实践共同体包括了一系列个体共享的、相互明确的实践和信念以及对长时间追求共同利益的理解,实践共同体形成的关键是要与社会联系——要通过共同体的参与在社会中给学习者一个合法的角色(活动中具有真实意义的身份)或真实任务。"合法的边缘性参与"是一个整体概念,边缘性意味着多元化、多样性,或多或少地参与其中,以及在实践共同体中,参与的过程中所包括的一些方法。莱夫提出"合法的边缘性参与"的目的是试图以一种新的视野来审视学习。学习者不可避免地参与到实践共同体中去,学习者沿着旁观者、参与者到成熟实践的示范者的轨迹前进,即从合法的边缘性参与者逐步到共同体中的核心成员,从新手逐步到专家。

项目教学就是让学生在真实的或模拟的工作世界中通过多元方式参与工作过程,完成典型的工作任务,并在完成任务的过程中,在与师傅、同伴的相互作用的过程中,逐步从新手成长为专家,这与人类学传统的情境学习理论是一致的。

4.3.4 布鲁纳的发现学习理论

布鲁纳认为,学习的实质是把同类事物联系起来,并把它们组织成赋予它们意义的结构,学习就是认知结构的组织和重新组织。知识的学习就是在学生的头脑中形成一定的知识结构。布鲁纳认为,知识的学习包括三种几乎同时发生的过程,即新知识的获得、旧知识的改造和检查知识是否恰当。新知识的获得是一种主动的、积极的认知过程,也是一种认知活动的概念化和类型化的过程。它依赖于学生要有强烈的学习兴趣,较强的学习动机。学习动机分外部动机和内部动机。外部动机来自老师家长、社会对学生的评价,而内部动机则是最主要的,是学习者的内驱力,要从学习中获取。

4.4 项目教学法的概念和特点

4.4.1 基本概念

项目教学法是以实际的项目为对象,先由教师对项目进行分解,并做适当的示范,然后让学生分组围绕各自的工程项目进行讨论、协作学习,最后以共同完成项目的情况来评价学生是否达到教学目的的一种教和学的模式。其目的是在课堂教学中把理论与实践教学有机地结合起来,充分发掘学生的创造潜能,提高学生解决实际问题的综合能力。其关键是设计和制订一个项目的工作任务。它糅合了当前三大教学法(探究教学法、任务驱动教学法与案例教学法)的特点,集中关注于某一学科的中心概念和原则,旨在把学生融入有意义的任务完成的过程中,让学生积极地学习、自主地进行知识的建构。

项目:一个项目是计划好的、有固定的开始时间和结束时间的工作。原则上,项目结束后应有一件可以看到的产品。

"项目学习"教学法的一般教学结构如图 4-1 所示。

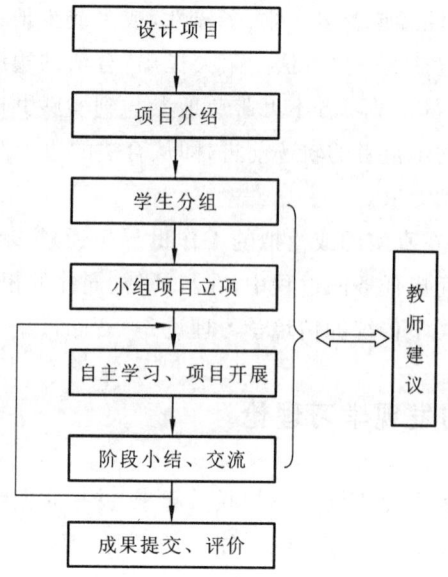

图 4-1　项目教学法结构图

4.4.2　主要特点

"项目教学法"最显著的特点是"以项目为主线、以教师为主导、以学生为主体",改变了以往"教师讲,学生听"的被动教学模式,创造了学生主动参与、自主协作、探索创新的新型教学模式。

1. 目标指向的多重性

对学生,通过转变学习方式,在主动积极的学习环境中,激发好奇心和创造力,培养分析和解决实际问题的能力。对教师,通过对学生的指导,转变教育观念和教学方式,从单纯的知识传递者变为学生学习的促进者、组织者和指导者。对学校,建立全新的课程理念,提升学校的办学思想和办学目标,通过项目教学法的实施,探索组织形式、活动内容、管理特点、考核评价、支撑条件等的革新,逐步完善和重新整合学校课程体系。

2. 培训周期短,见效快

项目教学法通常是在一个短时期内、较有限的空间范围内进行的,并且教学效果可测评性好。

3. 可控性好

项目教学法由学生与教师共同参与,学生的活动由教师全程指导,有利于学生集中精力练习技能。

4. 注重理论与实践相结合

要完成一个项目,必然涉及如何做的问题。这就要求学生从原理开始入手,结合原理分析项目、订制工艺。而实践所得的结果又考问学生：是否是这样？是否与书上讲的一样？

4.5　项目教学的设计

基于建构主义学习理论的项目教学法与传统的教学法相比有很大的区别。这主要表现在项目教学法改变了传统的三个中心：由以教师为中心转变为以学生为中心，由以课本为中心转变为以项目为中心，由以课堂为中心转变为以实践为中心。所以在运用项目教学法进行教学设计时，学生是认知的主体和知识意义的主动建构者。

4.5.1　项目教学的设计原则

进行项目教学法教学设计时要遵循以下四项原则：

（1）以学生为中心，充分发挥教师的主导作用。在教学过程中，我们要充分发挥学生的主动性和创新精神，让学生根据自身行为的信息来实现自我反馈。同时，我们也不能忽略教师的指导作用，教师是学生意义建构的帮助者、促进者，负责整个教学的设计和组织，直接参与学生的讨论。

（2）项目的选取是学习的关键。选取项目要以教学的内容为依据，以现实的对象为材料，既要包含基本的教学知识点，又要调动学生解决问题的积极性。教师和学生要共同参与项目的选取。教师要注意启发学生主动发现身边的素材，选择难度适合的项目。

（3）创设学习的资源和协作学习的环境是教师最主要的工作。教师需要让学生有更多的机会在不同的情境下应用所学习的知识，充分运用现代教育技术的手段给学生提供各种各样的学习资源。协作学习是意义建构的关键，所以教师要积极创设学生小组讨论交流的情境，让学生在群体中共同批判各种观点和假设，协商解决各种难题，使学生群体的思维与智慧为每个学生所共享，从而达到全体学生共同完成意义建构的目标。

（4）要以学生完成项目的情况来评价学生学习效果。学习过程的最终目的是完成意义建构，而不是教学目标。由于教学不仅仅是围绕教学目标进行的，它是围绕完成项目设计、达到意义建构这一中心来展开的，所以评价学生学习效果应以完成项目的情况来进行评定。

4.5.2　设计项目教学的一般步骤

根据项目教学思路和教学设计原则，设计项目教学法的步骤如下：

（1）根据教学需要创设情境。创设学生当前所学习的内容与现实情况基本相接近的情景环境，也就是说，把学生引入需要通过某个知识点来解决现实问题的情境中。

（2）操作示范。围绕当前学习的知识点，为满足学生"知识迁移"的要求，选择合适的小项目，并示范解决项目的过程。

（3）独立探索。让学生独立思考，对知识点进行理解，消化示范项目的解决要点，为解决练习项目打下基础。

（4）确定项目。小组通过社会调查，研究讨论，并在教师的指导下确定具体的项目。

（5）协作学习。开展小组交流、讨论，组员分工协作，共同完成工程项目。

（6）学习评价。学生学习的效果直接由完成工程项目的情况来衡量，包括教师评价、学习小组评价和自评三部分。

以上的五个步骤不是缺一不可的，可以根据教学内容和项目的不同而有所取舍。

4.5.3　项目教学的构成要素

1. 情境要素

必须根据学生的学习生活和社会生活确定选题。在真实情境下的充分体验和感受困惑，是问题产生的根源。无论是综合实践活动还是常规课堂教学，开展项目教学的第一要素都是师生共同创设情境，调动学生原有知识和经验。这也是教师实施项目教学的主要任务之一。处于求知年龄的学生是充满好奇心的，必须使他们对解决问题产生兴趣，因为兴趣，特别是浓厚的兴趣是采取行动的内在动力。

2. 任务要素

任务要素是指给学生一个完整的任务。我们不能像过去那样拘泥于课堂上的 45 分钟，而是要在一个单元的概念下设计学习活动，将割裂的学习课时逐步融合为一个整体的学习过程单元。因此，在学习活动设计过程中，要根据课程的要求和学生的需求确立学习的主题，统筹规划几节课、十几节课，乃至几十节课的学习任务，把项目教学法和其他教学方法、各种类型教育技术和媒体组织在一个教学过程中。

3. 组织要素

小组合作或全班合作学习是项目教学法最常见、最有效的组织形式。采用合作学习的学习组织形式，能够有效地促进学生之间的沟通和交流，也有利于实现"角色扮演"。在这种组织形式下，学生既有合作又有分工，分别就某个子问题做更多的钻研，然后再汇总各方面的信息，运用到当前任务中。合作学习的作用在于：首先，学生围绕问题进行讨论可以激活学生有关的先前知识，在原有知识背景与当前信息之间生成更多的联系；其次，讨论可以使学生的思维过程表现出来，学生会感受到观点、方法的不同，从而更好地进行反思和评判彼此的想法和做法。另外，通过小组合作，可以把解决问题所带来的"认知负担"分散到各个小组成员的身上，学生分别负责某个学习要点，某个学生甚至可以变成某个主题上的"专家"，通过合作来解决单个学生无法解决的问题。

4. 过程要素

项目教学法要求以学生对"任务"的原有知识经验和认知结构为基础，规划整个学习的切入点。要根据课题研究、项目活动设计或课堂教学等的不同特点,制订学习活动的计划,提出完成任务的路径、方法和策略,规划好表达、交流和评价等活动。学习过程的实质是模拟实施工程项目的过程,要求学生走出课堂、走出校门,积极开展社会调查和社会实践活动。要注意把"死"的文献资料与现实生活中"活"的资源结合起来,引导学生充分关注当地自然环境、人文环境和现实的生产、生活,把自己身边发生的事情纳入学习的内容,从中发现需要研究和解决的问题。

5. 资源要素

为了让学生完成项目学习的基本步骤过程,在导入问题的准备阶段,可利用"预设资源"迅速达到教师和学生共同创设情境的目的;而在协作学习、自主探究的阶段,利用"相关资源"的导航指向,帮助学生尽快寻找到有用的信息;同时鼓励学生学习使用信息搜索工具,包括使用网络搜索引擎,或者采取社会调查、问卷和访谈等方法,获取更广泛、更丰富的信息,培养搜集信息的更高层次的能力。

6. 评价要素

学生表达学习成果的方式要提倡多样化,它可以是一篇研究论文、一份调查报告、一本研究笔记、一次口头报告、一件模型、一块展板、一次主题讲演、一个个人网页,也可以是一项活动设计的方案。因此,对学生学习过程和效果的评价,也必须做到对主体、手段和方法评价的多样性,采取学生自评、学生与教师互评相结合,对小组的评价与对小组每个人的评价相结合,学校评价、社会评价和家长评价相结合,定性评价与定量评价相结合等方法。要努力做到对不同的项目类型和课题,设计好评价方案,包括设计出不同的评价标准、评价方法和评价结果的表达方式。就评价主体而言,在坚持评价的多元化原则时,要注意评价活动的重点环节是学生自评,学生不仅是学习活动中意义的主动建构者,而且是主动的自我评价者——通过主动参与评价活动,随时对照研究性学习目标,发现和认识自己的进步和不足,使评价成为学生自我教育和促进自我发展的有效方式。

4.6　项目教学的实施

4.6.1　项目教学的实施条件

项目教学是师生通过共同实施一个完整的"项目"工作而进行的教学活动。实施项目教学的课题必须满足以下条件:

(1) 该工作过程可用于学习特定教学内容,具有一定的应用价值,具有一个轮廓清晰的任务说明。

(2) 能将某一教学课题的理论知识和实践技能结合在一起。

(3) 与企业实际生产过程或现实商业活动有直接的关系。

(4) 学生有独立进行计划工作的机会,在一定时间范围内可以自行组织、安排自己的学习行为。

（5）有明确而具体的成果展示。

（6）学生自己处理在项目中出现的问题。

（7）具有一定难度，不仅是已有知识、技能的应用，而且要求学生运用已有知识，在一定范围内学习新的知识技能，解决过去从未遇到过的实际问题。

（8）学习结束时，师生共同评价项目工作成果以及工作和学习的方法。

4.6.2 项目教学的实施步骤

采用项目教学法一般可按照下面五个步骤进行：

（1）确定项目任务。由教师提出一个项目任务设想，然后同学一起讨论，最终确定项目的目标和任务。

（2）制订计划。根据项目的目标和任务，充分利用模型制订项目计划，确定工作步骤和程序，并与教师经过分析讨论后，最终得到认可。

（3）实施计划。学生确定各自在小组内的分工及小组成员间合作形式后，按照已确定的工作方案和程序工作。

（4）成果展示。项目计划的工作结束后，对形成的成果进行展示。

（5）评估总结。主要根据每个学生在该项活动中的参与程度、所起的作用、合作能力及成果等进行评价，可先由学生自己进行自我评估，之后再由教师对项目工作成绩进行检查评分。师生共同讨论、评判在项目工作中出现的问题、学生解决问题的方法及学生的学习行为特征。通过对比师生的评价结果，找出造成评价结果差异的原因。

4.7 项目教学法与任务教学法的异同

任务教学法又称任务驱动教学法，是以任务为主线、教师为主导、学生为主体，将所要学习的新知识隐含在一个或几个任务之中，学生通过对所提出的任务进行分析、讨论，寻找完成任务的途径，在教师的指导、帮助下完成任务，在完成任务的过程中掌握解决问题的方法，自主学习相关的新知识。同时，使学生学会与人合作、总结与反思，培养学生的动手能力、综合职业素质和创新能力。由此可见，任务教学法与项目教学法的理论基础是相同的，其教学的理念、方法、步骤也类似，到底两者有何不同呢？任务教学法的核心思想是将知识附着于工作任务进行学习；而项目教学法的核心思想是让学生通过完成一个完整的项目来实现知识之间的联结，发展完整的职业能力。因此，可以把项目教学法定义为让学生在教师指导下通过完成一个完整的"工作项目"而进行学习的教学方法。任务教学是围绕一个个孤立的工作任务展开的，学生获得的知识、技能之间仍然是相互割裂的。因而要使学生对整个工作过程有一个完整的把握，并能把通过任务教学获得知识、技能整合成一个整体，还需要围绕一个相对大型的、完整的工作任务来展开教学，这就是项目教学。

任务教学法在职业教育中也广泛应用,因基本方法、步骤与项目教学法差别不大,读者只要掌握两者的区别即可自由使用,此处不再赘述。

测 试 题

单项选择题(每一题给出了四个备选答案,请选择一个最适合的答案填于空中)。

1. 建构主义认为知识是(　　)。

A. 不变的　　　　　　　　　　　B. 具有个体主观性

C. 外在客观的　　　　　　　　　D. 绝对的

2. 建构主义强调学生的学习过程是(　　)。

A. 知识的移入　　　　　　　　　B. 教师的主导

C. 新知识的增长　　　　　　　　D. 新旧知识的双向建构

3. 在项目(任务)教学法中应该以(　　)。

A. 项目(任务)为中心　　　　　　B. 学生的需要为中心

C. 学生学习为中心　　　　　　　D. 教师教学为中心

4. 在项目(任务)教学法中,学生是(　　)。

A. 开拓者　　　　　　　　　　　B. 命令执行者

C. 练习者　　　　　　　　　　　D. 知识容器

5. 项目教学法的理论基础是(　　)。

A. 建构主义学习理论、认知学习理论、行为主义学习理论

B. 发现学习理论

C. 建构主义学习理论、情境学习理论、发现学习理论

D. 实用主义教育理论

6. 项目教学法糅合了(　　)的特点。

A. 探究教学法、模拟教学法、实验教学法

B. 任务教学法、案例教学法、探究教学法

C. 案例教学法、问题解决教学法

D. 讲授法、任务教学法

7. 为了使学生(　　),并能把通过任务教学获得知识、技能整合成一个整体,需要围绕一个相对大型的、完整的工作任务来展开教学,这就是项目教学。

A. 对整个工作过程有一个完整的把握

B. 对理论知识有一个系统的掌握

C. 对完成任务的理论知识有更深的理解

D. 对岗位的工作有全面的了解

8. 项目(任务)教学的关键是(　　)。

A. 充分发挥教师的主导作用

B. 创设学习的资源

C. 要以学生的工作态度和协助精神来评价学习效果

D. 项目(任务)的选择

9. 项目(任务)教学法评价学生学习效果应以(　　)来进行评定。

A. 教师平时的观察和自我评价相结合

B. 完成项目(任务)的情况

C. 学生的理论知识结合工作态度、协助精神

D. 学生在完成项目过程中掌握知识的多少

10. 项目(任务)教学法中教师最主要的工作是(　　)。

A. 辅导、答疑

B. 评价学生的知识、技能水平和实际工作能力

C. 讲授学生完成项目相关的理论知识

D. 创设学习的资源和协作学习的环境

参考答案:[1. B　2. D　3. C　4. A　5. C　6. B　7. A　8. D　9. B　10. D　]

4.8　项目教学法在化工类专业的应用案例一

4.8.1　药用葡萄糖等渗溶液的配制与检测教学案例

"药用葡萄糖等渗溶液的配制与检测"教学设计

(广西药科学校　陈本豪提供)

一、教学目标

(一)知识与技能目标

(1)学会根据《中华人民共和国药典》中纯化水的标准,检测配液用水的质量。

(2)按照操作规程准确地配制一定浓度的溶液。

(3)能够熟练地使用旋光仪测定旋光性物质溶液的浓度。

(4)准确地计算溶质的用量及溶液的浓度。

(二)过程与方法目标

(1)学会综合应用化学知识与化学实验操作技能解决实际问题的方法。

(2)体验"工作任务→搜集信息→制订计划→实施计划→总结评价"的工作过程。

(三)情感与价值观目标

(1)学会自觉地以行业标准规范自己的工作行为。

(2)培养学生主动进行协作与互助、交际与交流的习惯。

(3)发展学生勤于思考、善于合作、勇于实践的科学精神。

二、学情分析

在基础化学相关章节的学习中,学生已具备了溶液浓度及其计算、溶液的渗透压与等渗溶液、旋光物质的旋光度与浓度等知识,具有一定的实验操作技能,掌握了配制一定浓度溶液、使用旋光仪测定旋光度、溶液的一般检验等实验方法。但对化学知识在职业岗位中的意义及应用方法缺乏正确的认识,不具备综合运用化学知识与技能完成实际工作的能力,而这恰恰是职业岗位对现代职业教育的要求。本次课通过项目教学法,利用学科的优势,对促进学生综合职业能力和发展能力的形成进行尝试。

三、教学重点

(1) 将工作项目分解为具体的工作任务。

(2) 分组完成各项工作任务。

四、教学难点

工作项目的分解

五、时间安排

4 学时

六、教学方法

项目教学法

七、学习资源准备

(1)《中华人民共和国药典》(2000 年)第二部。

(2) 化学试剂:甲基红、溴麝香草酚蓝、硝酸、硝酸银、氯化钡、葡萄糖、蒸馏水。

(3) 化学仪器:配制溶液仪器一套,目视旋光仪。

八、教学过程

教学过程见表 4-1。

表 4-1　教学过程设计表

阶段	教师活动	学生活动	设计意图
一、提出、分解工作项目 (20 min)	教师提出明确的工作项目,组织并引导学生通过讨论将工作项目进行分解,总结出相应的工作任务 1. 如何检测配液用水的质量是否达标 2. 如何准确配制一定浓度的溶液 3. 理解溶液的渗透压与等渗溶液的含义 4. 如何检测所配葡萄糖溶液的浓度	学生认识学习任务,清楚本次课要做的工作。针对要做的工作进行讨论思考,明确自己要解决的疑难问题	工作任务来源于真实的工作环境,用产生于真实背景中的问题启动学生的思维,让学生清楚地知道本次教学的任务,为后面有目的地学习打下基础

阶段	教师活动	学生活动	设计意图
二、学生分组搜集信息 (30 min)	1. 将学生按上、中、下三个层次搭配分成若干个学习小组,每组4~6人 2. 为学生提供查找信息的手段,指导学生选择有用信息;对于基础薄弱的班级,教师需要给予适当的引导和指导 3. 随时解决学生的问题,根据学生任务完成情况,及时提出要求	选出组长。根据阶段一中的任务,各小组长对组内成员进行分工,围绕工作项目搜集相关信息,并初步筛选资料。组长负责汇总资料	分组学习可让学生学会协作,自己搜集信息解决问题可提高学生的自学能力和解决问题的能力
三、制订工作计划 (20 min)	1. 教师根据学生的基础水平、各小组的实际情况,进行适当的点拨、指导、示范;必须特别指出:《中华人民共和国药典》对纯化水的检查项目较多,在《基础化学》的学习范围内,主要进行酸碱性、氯化物、硫酸盐的检查 2. 根据学生查找资料情况,解决学生存在的共性及个性问题 3. 指导学生确定方案	根据工作任务的目标和要求,利用搜集到的信息,制订具体而明确的工作计划,确定工作步骤、程序、组内分工和组员合作方式,并与教师交流以得到认可	制订工作计划的过程是对知识的重组应用过程,学生通过制订计划综合运用专业知识,学会在问题解决中进行学习,并能提高表达能力
四、实施工作计划 (40 min)	1. 监控学生进行实操,随时解决实验中的意外现象或问题 2. 对学生的学习态度、操作水平、关键能力等进行评价	各小组按照拟订的方案、步骤和程序,实施工作计划	实施工作计划是对知识和技能的综合运用,通过完成真实的工作达到提升综合职业能力的目的
五、交流、展示结果 (15 min)	对比各组的实验结果与真值,指导学生对各组的工作情况进行客观的评价	完成工作后,以小组为单位上交一份实验报告及实验结果,在小组之间进行展示,并交叉检测	通过不同方案及实验结果的对比,深化本次教学的重点和难点
六、总结评估 (35 min)	以各组组长为主,教师组织全体学生对各小组的工作方案、过程及结果进行讨论,找出成功与不足之处,注意要对工作中出现的问题、学生解决问题的方法进行评述,并对各小组学习成效进行组间互评。再通过结对的方式,由成功的小组帮助不足的小组进行适当的"补救"	各小组成员根据本小组完成工作的情况、自己的参与程度及所起作用对学习成效开展自评和组内互评,教师则对学生的工作进行检查和评价;各小组组长根据学生自评、组内互评、组间互评及教师评价四方面计算每位学生本次学习的成绩(各项评定均分为优、良、中、不合格四等)	有利于学生评价自己和他人,养成客观评价的习惯

九、板书设计

（一）工作项目

配制和检测药用葡萄糖等渗溶液。

（二）工作任务

1. 检测配液用水的质量是否达标。

2. 准确配制一定浓度的溶液。

3. 掌握溶液的渗透压与等渗溶液的概念。

4. 检测所配葡萄糖溶液的浓度。

（三）有关计算

1. 等渗溶液的渗透浓度：$C_渗=$

等渗葡萄糖溶液的浓度：$\rho=$

2. 配制 250 mL 葡萄糖等渗溶液所需葡萄糖的质量：

$$m=\qquad\qquad =\qquad\qquad g$$

（四）实验记录与结果

工作项目	实验记录	结论或结果
水质量检测	加入甲基红：	
	加入溴麝香草酚蓝：	
	加入硝酸和硝酸银：	
	加入氯化钡：	
葡萄糖溶液浓度的检测	$\alpha_校$：	$\alpha_实=$
	$\alpha_测$：	$\rho_实=$

十、各组学习成绩

学习小组	一	二	三	四	五	六	七	八	九
组间互评									
教师评定									

4.8.2　药用葡萄糖等渗溶液的配制与检测案例分析

1. 教学方法的确定

在基础化学相关章节的学习中,学生已具备了溶液浓度及其计算、溶液的渗透压与等渗溶液、旋光物质的旋光度与浓度等知识,具有一定的实验操作技能,掌握了配制一定浓度溶液、使用旋光仪测定旋光度、溶液的一般检验等实验方法。但对化学知识在职业岗位中的意义及应用方法缺乏正确的认识,不具备综合运用化学知识与技能完成实际工作的能力,而这恰恰是职业岗位对现代职业教育的要求。为此需根据企业的真实工作情况设计一个完整的工作过程,形成一个项目,让学生通过完成项目中的工作任务建构自己的职业知识。药用葡萄糖等渗溶液的配制与检测项目中包括以下内容:纯化水的标准、溶质用量及溶液浓度的计算、一定浓度溶液的配制、旋光仪的使用方法(操作规程)、使用旋光仪测定旋光性物质溶液的浓度等内容。其中既有理论知识也有操作技能。本次教学采用项目教学法,以真实的工作任务为基点,采取"做中学"的方式,让学生通过完成工作任务来获得知识与技能,提高学生解决实际问题的综合能力。

2. 教学过程分析

1) 提出、分解工作任务

先由教师根据工作实际情况决定项目的内容,准备完成项目所需要的情境;教师向学生提出工作项目,并引导学生一起分解工作项目,使项目成为一个个工作任务,这些任务是有内在联系的系列,学生通过完成一系列任务掌握职业岗位中某一方面的知识和能力。让学生清楚要完成的任务;教师引导学生讨论哪些是要解决的疑难问题,为下一步的学习做好准备。本过程是用产生于真实背景中的问题启动学生的思维。

2) 学生分组、搜集信息

根据第一步对任务分析的结果,学生分组搜集信息。先根据学生的学习情况进行分组,分组中注意不同层次、不同性格的学生互相搭配;由教师选派或学生推荐出组长;由组长对组员进行分工,针对要解决的疑难问题,分工搜集相关信息。学生主动去搜集有关的信息资料,有利于提高学生学习的主动性;小组形式学习有利于培养学生的交流、协作能力。

3) 制订工作计划

在教师的指导下,各小组学生对搜集到的信息进行整理、取舍,制订完成本项目的完整工作方案,包括人员分工、详细的工作步骤、所用试剂及仪器、数据记录及处理方法等。通过制订工作计划,在问题解决中进行学习,可让学生在不断解决疑难问题中完成对知识的意义建构。

4) 实施工作计划

学生按既定计划进行工作,此时教师要监控学生进行实操,随时解决实验中的意外现象或问题,并对学生的学习态度、操作水平、关键能力等进行评价。实施工作计划是对知识和技能的综合运用,在"做中学",通过完成真实的工作达到培养综合职业能力的目的。

5) 交流、展示结果

各小组派代表展示本组的实验结果,通过不同方案及实验结果的对比,强化本次教学的重点和难点,引导学生进行分析总结。

6）总结评估

教师组织全体学生对各小组的工作方案、过程及结果进行讨论,找出成功与不足之处。指导各小组进行讨论反思,采用自评与互评相结合的方式,对本组成员进行评价,这种形式更有利于学生的信息交流、互帮互学。通过反思与评价增强学生对知识和技能在工作中运用的理解。

3. 案例特点

为了学生自我建构知识和组织教学的便利,采用项目教学法这种教学形式,学生通过"认识工作任务—搜集信息—制订计划—实施计划—总结评价"这一完整的工作过程提高了对知识和技能的综合运用。在完成工作的过程中,学生不是简单被动地接收信息,而是主动地建构意义,是根据自己的经验背景,对外部信息进行主动的选择、加工和处理,从而获得自己的意义。在教学的过程中,始终以项目为主线、以教师为主导、以学生为主体,改变了以往"教师讲,学生听"的被动教学模式,创造了学生主动参与、自主协作、探索创新的新型教学模式。学生在完成实践任务的过程中获得了职业能力的发展。

4.9　项目教学法在化学工程与工艺专业的应用案例二

4.9.1　"乙醇-水混合物的分离"教学设计

"乙醇-水混合物的分离"教学设计

（河北省鹿泉市职业教育中心　陈秋菊提供）

一、教学对象分析

教学对象是正元化工 07-2 班学生,该班学生是我们为河北正元化工有限公司订单委培的学生。他们是高中起点的学生,基础比较好,也有主动学习的积极性,在此之前,学生已经对化工设备基础、化工制图、化工单元操作有一定的了解,对正元公司的产品、生产工艺等有一定的认识。希望通过本次任务的学习,学生能正确掌握化工生产中常用的典型化工单元操作——精馏操作,能运用原理去解决实际工作中的问题。

二、教学内容分析

精馏是分离均相液体混合物的典型单元操作,广泛应用于化工、石油、医药、食品、冶金及环保等领域。精馏塔的控制操作是化工单元操作中一项重要的技能操作,通过对该任务的学习,学生能掌握精馏单元操作的原理,了解精馏塔的构造,熟悉精馏工艺流程,熟练掌握精馏塔的操作方法及紧急事故的处理。

根据学生的实际情况及我校的各种条件,不宜做全开放式的教学,故采用半开放式。

具体为:给出乙醇-水分离的工艺指标、精馏塔的操作方法,让学生根据工作任务分组设计出详细可行的生产步骤,控制精馏塔平稳运行,并能生产出合格的产品,实现乙醇-水混合液的分离。整个教学涉及有机化学、无机化学、化工设备、化工单元操作过程、化工安全、化工制图等有关知识,具有一定的综合性,可让学生掌握均相混合液体的分离方法、精馏操作的原理、精馏装置的主要设备、精馏塔的操作方法。并通过分组学习,培养学生的吃苦耐劳、解决问题和团队合作的能力。

三、学习任务分析

总任务:学会按既定方案及给定的工作任务制订分离乙醇-水混合物分离的方案,熟练控制精馏塔高效、平稳运行,并得到合格的产品,实现混合物的分离。要求对 $15\%\sim20\%$(体积分数)乙醇-水混合物进行精馏分离,以达到塔顶馏出液乙醇含量大于 93%(体积分数),塔釜残液乙醇含量小于 3%(体积分数)。

具体任务包括以下几方面:

(1)通过课堂讲解、查阅相关资料,理解并能描述乙醇-水混合物分离的原理。

(2)通过课堂讲解、查阅相关资料、现场认知,了解精馏装置的主要设备的名称、结构和作用。

(3)通过课堂讲解、查阅相关资料、现场认知,了解精馏操作装置中使用的仪表种类、名称、位置、作用及调节方法。

(4)通过现场认知及相关资料的学习,了解精馏操作的工艺流程,画出工艺流程图,并能描述工艺流程。

(5)通过学习设备实训教材、设备使用说明书,掌握操作规程,熟练操作精馏塔,生产出合格产品。

四、学习目标分析

(1)各组成员能根据任务,共同制订工作计划、分工协作完成任务。

(2)在教师的指导下,熟练掌握正确的开、停车操作步骤,使精馏过程平稳进行。

(3)在教师的指导下,掌握塔温、塔压、回流比、塔釜液位、上升蒸汽速度等参数的调节方法,控制精馏过程平稳、高效运行。

(4)培养学生 DCS 操作能力及事故处理能力。

(5)会对完成的任务做好数据记录与处理。

(6)能通过分离乙醇-水混合物,学会精馏塔的操作方法,即学会其他均相混合液体的分离方法。

(7)通过完成任务,培养化工生产中的安全、环保和节能意识。

(8)通过完成任务,培养责任感和创新意识。

(9)通过完成任务,培养学生的分析问题、解决问题的能力培养团队协作、探究精神。

五、教学媒体

教学媒体包括多媒体设备、精馏塔、仿真操作软件、化工专业素材库。

六、教学设备

教学设备包括精馏装置、比重计及配套的玻璃仪器、气相色谱仪。

七、教学过程

项目阶段	阶段任务	学习内容	学生行为	教师行为	学习方式	学时
认识任务，了解学习情境	1. 认识项目任务 2. 了解生产过程 3. 了解装置的构成	1. 观察精馏操作 2. 现场了解装置构成	1. 通过观察精馏操作过程，明确本项目的任务，对任务有一个初步的认识；了解精馏操作的基本步骤 2. 现场认知装置流程及主要设备、各类测量仪表名称和作用 3. 了解生产过程中相关的安全、环保条款 4. 思考教师提出的问题 5. 针对教师的讲解及操作，提出相关问题	1. 强调安全生产 2. 演示精馏操作过程 3. 简单讲解操作步骤 4. 引导学生认识精馏装置中的主要设备、仪表	现场认知，教师指导	6
获取信息	1. 理解生产原理 2. 学习相关物料的性质 3. 学会查找资料	1. 理解精馏的原理 2. 熟悉装置流程、主体设备及其名称、各类测量仪表的作用及名称	1. 带着问题，学会利用各种途径获得需要的信息，并在教师的指导下，学会选择信息 2. 通过查阅资料及教师的讲解，理解精馏原理，知道实现精馏操作的必要条件及基本流程 3. 进一步学习掌握影响精馏操作的因素，以及精馏过程中常见的异常现象及处理方法 4. 熟悉装置流程、主要设备及各类测量仪表的名称、作用 5. 通过查阅生产规程、使用说明书等资料，熟悉操作步骤	1. 利用多媒体课件，讲解精馏原理和精馏塔结构 2. 利用启发式教学、实践教学，引导学生一起分析影响精馏操作的因素，以及由控制不当引起的异常现象及处理方法 3. 指导学生学会获得、选择、处理信息的方法 4. 及时解决学生学习过程中出现的各种问题，并因人而异适时提出恰当的问题，使学生对知识的理解逐步深入，鼓励并协助学生探究、讨论和合作学习	问题引导法	16

项目阶段	阶段任务	学习内容	学生行为	教师行为	学习方式	学时
制定方案	讨论及制订方案	自行制订分离方案	1. 各小组归纳、整理由各种渠道获得的资料 2. 明确生产任务 3. 熟练掌握操作规程和操作步骤,能正确操作设备和使用工具 4. 理解精馏原理,进一步理解各因素对精馏操作的影响,制订详细的切实可行的工艺指标 5. 综合上述各因素初步制订完成任务的方案 6. 各小组展示自己的工作方案,并接受其他同学及教师的评价 7. 在反复论证的基础上,各小组修改并最终确定实施方案	1. 有针对性地创设一些良好的、情境性的、富有挑战性的且通过努力可以实现的学习情境,引导学生形成思考问题、分析问题和解决问题的思路 2. 分析、解决学生出现的各类问题,对学生存在的共性问题统一示范,集体解决;而对个别学生的个别问题则单独辅导,各个突破 3. 协助学生确定方案,并鼓励学生讨论、探究、创新	讨论法	8
实施方案	学生分组按既定方案实施操作	利用精馏塔进行乙醇-水的分离操作	1. 小组分工明确,团结协作 2. 充分做好开车前的准备工作 3. 严格按照既定方案进行规范操作,验证方案的可行性 4. 数据记录及时、完整、规范、真实、准确 5. 控制再沸器液位、进料温度、塔顶压力、塔压差、回流量、采出量等工艺参数,维持精馏操作正常运行 6. 正确判断运行状态,分析出现不正常现象的原因,采取相应措施,排除干扰,恢复正常运行 7. 优化操作控制,合理控制产量、质量、消耗等指标 8. 准确检测塔顶、塔底产品的质量 9. 穿着符合安全生产与文明操作要求 10. 保持现场环境清洁、整齐、有序	1. 监控学生进行操作,随时处理突发事件 2. 观察学生在完成任务过程中表现出来的一些综合素质,并进行点评	实践法	18

续表

项目阶段	阶段任务	学习内容	学生行为	教师行为	学习方式	学时
检查控制	检查产品质量及设备运行是否平稳	用气相色谱进行产品质量分析，检查现场设备运行是否有异常现象产生	1. 设备操作规范 2. 控制产品质量、产量、消耗、装置稳定时间、进料温度、塔釜液位、塔压差、塔顶压力等指标在合理范围之内 3. 在要求时间内，能排除干扰，恢复正常生产 4. 能安全、文明操作	1. 指导学生规范操作设备 2. 指导学生进行各项指标的检测 3. 指导学生正确判断运行状态，分析原因，采取措施，稳定生产 4. 对各小组的操作进行综合评价	实践法	4
评定反馈	总结完成任务情况	工作反思	1. 各小组通过讨论总结任务的完成情况：哪些方面比较满意，哪些方面还存在遗憾，哪些方面还可以再加以改进等 2. 小组之间展开讨论，集思广益，开拓思路，不断创新。进一步完善方案，增进对知识的理解 3. 各小组组长对组员进行评价 4. 各小组内进行自评和互评	1. 组织、引导学生进行总结 2. 适时点评，强化影响精馏操作的因素 3. 在点评的基础上提炼出知识要点和操作要点，使不同层次的学生在实现大纲基本要求的基础上，触类旁通地拓宽视野，增强知识的灵活性、实用性，使知识得以升华	讨论法	

八、学生作业评价

学业作业评价包括自我评价、组内评价、组长评价、教师评价。"乙醇-水混合液分离"评价表如下：

"乙醇-水混合液分离"评价表

组别 _____　　　　　姓名 _____

感谢你参加本次教学，为了课程改革的顺利进行，请如实填写以下内容。

（1）通过本次教学，对以下知识的学习，你所达到的程度是：

内　容	学习达到的程度		得分
均相液体混合物的分离方法	较好掌握	3 分	
	基本掌握	2 分	
	有一般程度的了解	1 分	
	完全不清楚	0 分	
乙醇-水混合物的分离方法	较好掌握	4 分	
	基本掌握	3 分	
	有一般程度的了解	1 分	
	完全不清楚	0 分	
精馏的概念	较好掌握	3 分	
	基本掌握	2 分	
	有一般程度的了解	1 分	
	完全不清楚	0 分	
气液平衡相图、挥发度和相对挥发度	较好掌握	3 分	
	基本掌握	2 分	
	有一般程度的了解	1 分	
	完全不清楚	0 分	
精馏的原理	较好掌握	4 分	
	基本掌握	3 分	
	有一般程度的了解	1 分	
	完全不清楚	0 分	
实现精馏操作的必要条件	较好掌握	4 分	
	基本掌握	3 分	
	有一般程度的了解	1 分	
	完全不清楚	0 分	
连续精馏的流程	较好掌握	4 分	
	基本掌握	3 分	
	有一般程度的了解	1 分	
	完全不清楚	0 分	
精馏操作的物料衡算	较好掌握	4 分	
	基本掌握	3 分	
	有一般程度的了解	1 分	
	完全不清楚	0 分	
精馏操作的热量衡算	较好掌握	4 分	
	基本掌握	3 分	
	有一般程度的了解	1 分	
	完全不清楚	0 分	

续表

内　容	学习达到的程度		得分
精馏操作的精馏段操作线方程、提馏段操作线方程	较好掌握	3 分	
	基本掌握	2 分	
	有一般程度的了解	1 分	
	完全不清楚	0 分	
精馏操作中的回流比	较好掌握	3 分	
	基本掌握	2 分	
	有一般程度的了解	1 分	
	完全不清楚	0 分	
精馏操作中的液泛、漏液现象	较好掌握	3 分	
	基本掌握	2 分	
	有一般程度的了解	1 分	
	完全不清楚	0 分	
精馏塔的主要设备及其作用	较好掌握	3 分	
	基本掌握	2 分	
	有一般程度的了解	1 分	
	完全不清楚	0 分	
影响精馏操作的因素	较好掌握	3 分	
	基本掌握	2 分	
	有一般程度的了解	1 分	
	完全不清楚	0 分	
精馏操作工艺指标	较好掌握	3 分	
	基本掌握	2 分	
	有一般程度的了解	1 分	
	完全不清楚	0 分	
精馏操作的规范操作（开车准备、正常开车、正常停车）	较好掌握	3 分	
	基本掌握	2 分	
	有一般程度的了解	1 分	
	完全不清楚	0 分	

内　容	学习达到的程度		得分
控制精馏操作平稳高效运行	较好掌握	3分	
	基本掌握	2分	
	有一般程度的了解	1分	
	完全不清楚	0分	
精馏操作中的 DCS 控制	较好掌握	3分	
	基本掌握	2分	
	有一般程度的了解	1分	
	完全不清楚	0分	
精馏操作中的安全、节能、环保、降耗	较好掌握	3分	
	基本掌握	2分	
	有一般程度的了解	1分	
	完全不清楚	0分	
控制再沸器液位、进料温度、塔顶压力、塔压差、回流量、采出量等工艺参数	较好掌握	3分	
	基本掌握	2分	
	有一般程度的了解	1分	
	完全不清楚	0分	
正确判断运行状态,分析出现不正常现象的原因,采取相应措施,排除干扰	较好掌握	3分	
	基本掌握	2分	
	有一般程度的了解	1分	
	完全不清楚	0分	
精馏塔在化工生产中的作用	较好掌握	3分	
	基本掌握	2分	
	有一般程度的了解	1分	
	完全不清楚	0分	
通过各种媒体查阅资料的能力	有较大的提高	3分	
	有所提高	1分	
	没有提高	0分	
	其中提高最大的方法是:		

续表

内　容	学习达到的程度		得分
自己对化工单元操作的理解	较好掌握	3 分	
	基本掌握	2 分	
	有一般程度的了解	1 分	
	完全不清楚	0 分	
自己的学习兴趣	有较大的提高	3 分	
	有所提高	1 分	
	没有提高	0 分	
组织管理、协调能力、团队合作意识	有较大的提高	3 分	
	有所提高	1 分	
	没有提高	0 分	
	其中提高最大的方面是：		
自己对本次学习任务的学习态度	完全听从安排,且能提出自己的见解	4 分	
	教师或组长让做什么就做什么,自己不用动脑	2 分	
	想参与项目的学习,但不知如何能做好	1 分	
	觉得没意思,不愿参加	0 分	
在本次任务学习中,自己有无生产效率意识和安全生产意识	有,且在很多情况下会注意	3 分	
	有,有时会注意	1 分	
	无	0 分	
	举例说明：		
在本次任务的学习中自己有无产品质量和服务意识	有,且在很多情况下会注意	3 分	
	有,有时会注意	1 分	
	无	0 分	
	举例说明：		
在本次任务学习中,自己有无环保和节约意识	有,且在很多情况下会注意	3 分	
	有,有时会注意	1 分	
	无	0 分	
	举例说明：		

内　容	学习达到的程度		得分
与其他组员的合作能力	能很好地与他人合作	3分	
	与他人合作能力一般	1分	
	其他人不能与我合作	0分	
	自己就能做,不需要与他人合作	0分	
合计得分			

(2) 通过本学习任务的学习,你的收获是:

(3) 通过本学习任务的学习,你最大的收获是:

(4) 在本次学习任务的学习中,你对自己不满意的地方是:

(5) 你对本组其他成员的意见:

(6) 作为组长或副组长,你的感受是:

(7) 你对教师在本次教学任务中的建议是:

4.9.2　"乙醇-水混合物的分离"案例分析

1. 教学方法的选择

精馏是分离均相液体混合物的典型单元操作,广泛应用于化工、石油、医药、食品、冶金及环保等领域。精馏塔的控制操作是化工单元操作中一项重要的技能操作,通过对该任务的学习,学生能掌握精馏单元操作的原理,了解精馏塔的构造,熟悉精馏工艺流程,熟练掌握精馏塔的操作方法及紧急事故的处理。整个教学涉及有机化学、无机化学、化工设备、化工单元操作过程、化工安全、化工制图等有关知识,具有一定的综合性,故较适合采用项目教学法进行教学,有助于培养学生独立学习、计划、实施和检查的能力。通过该项目,使学生将学到的各个知识点和技能要求串联起来,形成对该单元操作的全面掌握。同时,使他们在学到工作方法的同时,能用之独立解决培训中(今后的职业生涯中)遇到的问题。可让学生掌握均相混合液体的分离方法、精馏操作的原理、精馏装置的主要设备、精馏塔的操作方法。并通过分组学习,培养学生的吃苦耐劳、解决问题和团队合作的能力。

2. 教学过程分析

1) 认识任务,了解学习情境

教师提出工作任务,让学生明确学习任务及目标;通过教师讲解精馏原理、演示精馏操作过程、简单讲解操作步骤等方法,让学生在现场认知装置流程及主要设备,以及各类测量仪表的名称和作用;了解生产过程中相关的安全、环保条款等内容。同时,在教师的指导下,学生进行分组,每组选出组长,由组长对本组人员进行分工。本阶段是学习的准备阶段,分组是关键,每组学生要能互相配合好。教师从一开始就让学生明确学习目标,做到有目标地学习。

2) 收集信息,合作研究

按项目教学法的要求,根据本组的实际情况,各组分工收集信息,通过查找学习资料,如生产规程、使用说明书等资料,熟悉操作步骤;学习精馏的原理及意义,所用仪器、试剂,测定注意事项等。教师在此过程中为学生提供获取所需信息的手段及途径,指导学生选取有用信息,并随时解决学生遇到的问题,通过广泛收集信息,可培养学生的自学能力和积极性;小组合作学习又可培养学生间的协作关系;通过制订工作方案可锻炼学生解决问题的能力。

3) 制订方案

各小组归纳、整理由各种渠道获得的资料,在解决教师所提出问题的基础上,综合各因素初步制订完成任务的方案;各小组展示自己的工作方案,并接受其他同学及教师的评价;在反复论证的基础上,各小组修改并最终确定实施方案。教师在此过程中协助学生确定方案,并鼓励学生讨论、探究、创新。同时要分析、解决学生出现的各类问题。对学生存在的共性问题统一示范,集体解决;而对个别学生的个别问题则单独辅导,各个突破。通过方案的展示及最终确定,进一步明确了实验的原理和方法,还锻炼了学生的语言表达能力、运用多媒体的能力等。

4) 实施方案

各小组严格按照既定方案进行规范操作,验证方案的可行性;同时要准确、及时、规范地记录操作过程。教师在此阶段要监控学生的工作过程,随时解决工作中出现的疑难问题,及时纠正学生的不规范操作,并对学生的各个方面(学习态度、操作水平及各关键能力)进行评价。

5) 检查控制

在生产的过程中,要控制产品质量、产量、消耗、装置稳定时间、进料温度、塔釜液位、塔压差、塔顶压力等指标在合理范围之内;教师要指导学生进行各项指标的检测,用气相色谱进行产品质量分析。

6) 评定反馈

在教师的指导下,各小组对自己完成学习任务的情况进行评价及反思,采用自评和他评相结合的形式,也可由每组派出代表讲解本次学习过程的收获与不足之处。最后由教师总结全班的学习情况,并再次强调本学习任务的重点及难点。

3. 案例特点

乙醇-水混合物的分离是一项综合性较强的工作任务,根据学生的实际情况,不宜做全开放式的教学,故采用半开放式。具体为:给出乙醇-水分离的工艺指标、精馏塔的操作方法,让学生根据工作任务分组设计出详细可行的生产步骤,控制精馏塔平稳运行,并能生产出合格的产品,实现乙醇-水混合液的分离。采用项目教学法进行行动导向的教学,借助提出核心问题、制订工作计划和进行自我检验等步骤,促使学生不断树立正确的学习动机,激发学习热情,提高学习的自觉性,达到自主学习的境界。学生通过小组工作和探究式学习,促进了协调合作能力的发展。通过这种方式的学习,不但提高了学生的操作技能及对理论知识的运用,还培养了学生的关键能力。

4.10 项目教学法在化工类专业的应用案例三

见 5.1 引导文教学法案例"雪花膏生产教学设计",此例是以引导文引导学生完成项目的典型教案,它具有引导文教学法和项目教学法双重特点。一个好的教案,往往采用几种教学法的长处,使教学效果达到最佳。

练 习 题

一、简答题

1. 请说出项目教学法与任务教学法的异同点。

2. 请写出项目教学的实施步骤。

3. 请说出项目教学法确定项目的原则。

二、设计题

请结合化工类专业,用项目教学法设计一个实际教案,并进行说课评讲。

第5章 引导文教学法在化工类专业的应用

5.1 引　言

引导文教学法是德国 20 世纪 70 年代初一些大型工业公司（如戴姆勒-奔驰、福特、西门子、赫施）为提高学生的独立工作能力所开发的。借助引导文（LEAD、TEXT）等教学文件，引导学生进行独立学习和工作的教学方法。

引导文教学法是典型的行动导向教学法，是一个面向实际操作，全面整体的教学方法，通过这个方法让学生可对一个复杂的工作流程进行策划和操作。它的实施有助于培养和提高学生的自学能力、分析问题和解决问题的能力、对环境变化的心理承受能力（关键能力）。通过本模块的学习，促使教师更好地理解职业教育的特点，发展熟练应用行动导向教学法的能力。学习者在学习中应理解引导文教学法的实质，将其应用到化工类专业中去。引导文教学法与任务驱动教学法、项目教学法的实质是一致的，只是该法将要完成的任务、项目用引导文的形式，更好地引导学生思考、行动，从而更快、更好地自主学习知识、掌握技能，形成职业岗位的工作能力。

引导文教学法强调"学生为主体，教师为主导"，针对明确的学习目标，采用"启发式教学"，使学生掌握正确的学习方法，并促使学生把学到的理论知识自觉地应用于实践。同时，注重"学生的个性化学习"，赋予每位学生确立自己行为目标的权利，充分发挥潜在能量，培养其关键能力，使之尽快适应日趋激烈的人才市场的竞争。

本章内容包括引导文教学法的本质和目的、引导文教学法的组织形式、引导文的主要内容、引导文教学法的步骤、讲解示范教学法与"引导文教学法"的主要差别、化工类专业引导文教学法实例等。

为了方便学习者进行自我评估，本模块设置了测试题供学员检验学习效果。

5.2 引导文教学法案例

表 5-1 给出了一个引导文教学法的案例——雪花膏生产引导文教学法设计。

表5-1 雪花膏生产引导文教学法设计

（广州市信息工程职业学校 李冬梅提供）

项目	内容	备注
教案名称	雪花膏生产教学设计	
教学对象分析	教学对象是精细化工班二年级学生。在此之前，学生对化妆品的种类、化妆品原料组成、乳化体的制备、乳化剂的选择等内容已有了初步了解。该班学生的实践机会较少，且缺少学习主动性，对语言文字的理解能力较弱，大部分学生的计算水平不高，对化工产品的生产过程缺少安全意识，有极个别学生会随心所欲。经过一个学期的锻炼，该班的学习风气已有较大改观，但问题仍然较多，希望通过本学习任务的学习能有所突破	学生要具有一定的化学、化工的相关基础，但更重要的是愿意学习
教学内容分析	雪花膏不仅是护肤品的典型代表，也是乳剂类化妆品的代表，其生产工艺成熟，全面反映了乳液、膏霜类化妆品的生产过程，故雪花膏生产教学是化妆品生产课程中一项重要且极具代表性的内容。通过对该任务的学习，学生可初步掌握乳剂类产品的生产方法，起到举一反三的作用。 整个教学包括有机化学、无机化学、化工设备、化工单元操作过程、化妆品工艺、化工计算、化工安全、化妆品生产规范、化妆品检验等有关内容，具有一定的综合性，可让学生掌握膏霜、乳液的生产原理、生产方法、相关计算、生产规范、产品检验等。并通过分组学习，培养学生的吃苦耐劳、合作、自学能力	根据学生的实际情况及当前学校的各种条件，不宜做全开放式的教学，故采用半开放式。具体为：给出生产雪花膏的工艺条件、真空乳化机操作方法，让学生根据生产任务分组设计出详细可行的生产步骤，并能生产出合格的产品
学习任务分析	1. 通过课堂讲解、查阅资料、结合相关课程，理解并能描述雪花膏的配方原理 2. 通过课堂讲解、查阅资料、演示实验，比较不同配方、不同操作步骤产品的质量，理解雪花膏配制过程中每一步操作的目的及对产品质量的影响（如溶样的温度、投料的快慢、投料的顺序、乳化过程中搅拌快慢、搅拌时间、冷却的速度、冷却时的搅拌速度等） 3. 通过阅读仪器使用说明书、实地操作，会熟练使用真空乳化系统 4. 通过课堂讲解、查阅资料、结合相关课程，会对配方进行分析：判断油相、水相、乳化剂，并可初步判断配方的合理性 5. 能根据工作任务制订出合理的操作规程，严格进行生产操作	视学生的具体情况可采用半开放式的教学法，目的是让学生学会按既定的生产任务制订生产雪花膏的方案，并生产出合格的雪花膏
学习目标分析	1. 各组成员能根据任务，共同制订工作计划、分工协作完成任务 2. 会用HLB值法选择乳化剂的种类及计算其用量，并能分析或验证配方的合理性 3. 能根据学习任务及产品配方，准确计算出各种原料的用量；并初步会进行皂化反应中碱用量的计算 4. 会使用台秤等称量或计量工具准确取用各种原料 5. 逐渐学会利用现代科技查找资料，并能在教师的指导下对资料进行整理、取舍	

续表

项目		内　　　容	备　注
学习目标分析		6. 通过阅读设备使用说明书,在教师的指导下,逐渐熟悉真空乳化机、真空泵、胶体磨、紫外灭菌箱、定量杯充填机的操作方法及使用注意事项 7. 通过阅读仪器使用说明书,在教师的指导下,初步熟练使用 pH 计、旋转黏度计、冰箱、分析天平等仪器进行产品的理化指标检验,并初步分析存在的质量问题 8. 能叙述雪花膏生产的操作步骤,并理解每一步的作用及对产品质量可能造成的影响 9. 能熟练合作进行雪花膏生产,包括个人清洁、原料准备、投料、控制反应工艺条件、产品初检、出料、产品后处理、设备和环境的清洗及消毒等一系列工序,且生产过程要符合劳动安全和环境保护的规定 10. 会对完成的任务进行准确的记录、存档和评价反馈 11. 通过查找并阅读国家雪花膏生产的相关规定,熟悉雪花膏生产的卫生规范,并能在完成学习任务过程中自觉遵守 12. 完成任务后能描述膏霜类、乳液类化妆品的配方基本组成、生产原理及生产制备工艺过程 13. 能通过雪花膏的生产学会其他膏霜、乳液类化妆品的生产方法	本任务要达到的目标较多,可根据学生实际情况进行分层教学。最基本的目标是要学会一个完整的工作过程,即明确任务、获取信息、制订计划、实施计划、检查评价等步骤,以及在此过程中要具有的自主学习的能力、获取信息能力、与他人交流合作的能力等;其次是要认识生产雪花膏的步骤,以此推广到其他膏霜乳液类化妆品的生产
教学过程	认识任务、了解学习情境 (4学时)	学生观察雪花膏的生产过程、所用设备、生产场地情况 1. 观察生产雪花膏的过程,记录重要的数据,阅读设备使用说明书,达到以下目的 (1)了解小试设备生产雪花膏的工艺过程、操作步骤、所用设备及操作方法 (2)了解安全、操作规范、设备操作说明书、生产任务书 (3)明确本项目的任务,对任务有初步的整体认识 2. 针对生产过程提出各种相关问题并思考教师提出的问题	教师演示生产雪花膏的过程;适时讲解操作步骤;对学生提出有关实验原理、操作、工艺控制的问题。在此过程中强调安全生产
	获取信息 (12学时)	学生学习制备雪花膏的配方、生产原理、步骤、工艺条件: 1. 各小组组长做好查资料分工,培养学生之间的协作关系,并锻炼组织能力 2. 带着问题,通过各种媒体查找资料,学会利用各种途径获取所需信息,并会在教师的指导下学会选择信息 3. 通过查找资料,学习制备雪花膏的配方、生产原理、步骤、工艺条件 4. 重点学习乳化原理(HLB 值法选择乳化剂、影响乳状液稳定性的因素、乳化剂的加入方法对产品类型、产品质量的影响)	教师在此过程中为学生提供查找信息的手段,指导学生选择有用信息;随时解决学生的问题,根据学生的任务完成情况,及时提出要求讲解乳化原理
	制订方案 (6学时)	学生按分组自行制订生产方案及确定方案: 1. 各小组总结查找资料情况,提出查找信息过程中遇到的问题 2. 进一步明确制备雪花膏的原理、步骤、工艺条件 3. 掌握物料计算方法,进行物料计算 4. 掌握产品成本核算方法,进行产品成本核算 5. 各小组按给定配方初步制订完成任务的方案 6. 各小组展示自己的工作方案,并接受其他同学及教师的评价 7. 各小组修改并确定最终实施方案	教师根据学生查找资料情况,解决学生存在的共性及个性问题;进一步强调制备雪花膏的原理、步骤、工艺条件;指导学生按给定的配方设计生产步骤;协助学生确定方案

项目		内　　容	备　注
教学过程	实施方案 （6学时）	学生分组按既定方案进行雪花膏的生产： 1. 小组分工协作 2. 按既定方案进行雪花膏的生产，掌握雪花膏的制备方法、规范操作，验证方案的可靠性 3. 做好生产过程中的现象观察及生产记录 4. 学习质量控制的方法，做好生产过程中的产品检测 5. 做好生产前的准备工作及生产后的清理工作	教师在此过程中监控学生进行实操，随时解决实验中的意外现象或问题；对学生的学习态度、操作水平、关键能力等进行评价
	检查控制 （6学时）	学生按《化妆品卫生规范》进行产品质量检验： 1. 通过产品外观、黏度、涂抹、用后感觉等进行感官评价 2. 通过测定产品的pH值、耐寒性、耐热性、稳定性，评价产品的理化指标 3. 学会化妆品感官评价方法	教师指导学生对产品进行检验及评价；并评价各小组学生的产品质量
	评定反馈 （2学时）	学生进行工作反思： 1. 各小组通过讨论反思完成任务的情况，学会总结反思 2. 通过对比不同方案，总结制备中各种因素的影响及注意事项 3. 各小组组长对组员表现作出评价 4. 各小组内进行自评和互评	教师引导学生进行总结：通过比较不同方案产品的质量，深化各种影响因素
学生学业评价		学业评价包括自我评价、组内评价、组长评价、教师评价。评价方法要尽可能量化，可通过设计表格，提示学生如何评价自己或他人	除此之外，社会对学生评价也是对学生学业评价的很好方法

附

"雪花膏的生产"引导文

说明：

（1）雪花膏的生产可采用真空乳化法，根据自身设备条件来定，在缺乏真空乳化设备的情况下也可使用高速搅拌机配合玻璃容器配制。

（2）建议6人为一大组，每一大组分三小组，2人为一小组。

（3）建议完成本学习任务的课时为36课时。

一、认识雪花膏的生产过程，领取学习任务

1. 学习目的

通过观察或观看雪花膏的生产过程，清楚本学习任务要完成的内容（按照给定配方和生产任务，生产出合格的雪花膏）。

2. 要解决的问题

(1) 生产雪花膏所用原料的外观；对原料的质量要求；原料的分类（水相、油相、乳化剂）。

请完成下表：

原料名称	原料外观描述 （颜色、气味、状态）	原料分类 （水相、油相、乳化剂）	质量要求
三压硬脂酸			1. 对硬脂酸的质量 要求是：
鲸蜡醇			
15♯白油			
单硬脂酸甘油酯			
KOH(以 100％计)			
丙二醇			
羟苯乙酯			2. 对水的质量要 求是：
BHT(2,6-二叔丁基-4-甲基苯酚)			
香精		—	
去离子水			

(2) 对生产过程的必要记录。

(3) 生产雪花膏过程中要控制的工艺条件（温度、时间、压力、搅拌速度、冷却速度等）。

请完成下表：

序号	操作步骤	要控制的工艺条件
1	准备工作	
2		
3		
4		
5		
6		
……		

3. 考考你

(1) 雪花膏的生产步骤是：准备工作、_____、_____、

_____、_____。

(2) 生产中所用真空乳化机由_____

_____等部分组成。

4．学习参考资料

（1）本书第 5 章。

（2）真空乳化机的使用说明书。

二、分析学习任务，收集信息，解决疑问

1．学习目的

通过查找文献信息，认识雪花膏的配方组成、生产原理、步骤、工艺条件。

2．要解决的问题

（1）雪花膏的生产原理。

（2）雪花膏配方中各种成分的作用及价格。

组　分	质量分数/%	作用	价格/（元/kg）
三压硬脂酸	6.0		
鲸蜡醇	3.0		
15♯白油	1.5		
单硬脂酸甘油酯	1.0		
KOH（以 100% 计）	0.36		
甘油	6.0		
羟苯乙酯	0.13		
BHT	0.1		
香精	0.1		
去离子水	78.81		

（3）多加 3%～5% 水的目的。

（4）简单叙述生产雪花膏的操作步骤。

（5）请说明雪花膏的感官指标、理化指标、卫生指标。

（6）生产前各项准备工作及其目的。

（7）试用均质机应注意的问题。

（8）说出对乳化锅抽真空的操作方法。

（9）混合乳化时的加料顺序是什么？

（10）影响雪花膏产品质量的因素。

① 温度控制：

溶解油相、溶解水相时的温度为多少？

两相在混合前的温度是否要一致？为什么？

冷却的快慢对产品质量有何影响?

乳化时温度为多少?

② 时间控制:

乳化时间为多少? 时间过长或过短对产品质量有何影响?

③ 搅拌速度控制:

乳化时搅拌速度为多少? 均质速度为多少?

冷却时的搅拌速度为多少? 为什么?

(11) 验证雪花膏配方中乳化剂类型及乳化剂用量是否合适。

提示:利用 HLB 值。

① 油相原料的 HLB 值(该产品为 O/W 型):

原料名称	HLB	用量/%

乳化油相所需的 HLB 值是:

② 乳化剂提供的 HLB 值:

③ 结论:

(13) 展示各自的生产方案初稿(可用文字、方框图、多媒体课件表示)。

3. 考考你

(1) 油相加热温度为_____;若温度过高,会导致_____。

(2) 均质乳化时间一般为_____分钟。

(3) 若冷却速度过快,会造成_____。

三、确定生产雪花膏的工作方案

1. 学习目的

通过讨论进一步明确雪花膏的生产全过程,并制订出生产雪花膏的工作方案。

2. 要解决的问题

按生产 3 kg 雪花膏的任务,制订出详细的生产操作规程。

3. 考考你

核算产品成本(只计原料成本)如下：

序号	原料	单价/(元/kg)	用量/kg	总价
1				
2				
3				
4				
5				
6				
7				
8				
9				
10				

每千克产品的价格是：

四、按既定方案生产雪花膏

1. 学习目的

掌握雪花膏的生产方法,验证方案的可靠性。

2. 要解决的问题。

(1) 按照既定方案,组长做好分工,确定组员的工作任务,要确保组员清楚自己的工作任务(做什么,如何做,其目的和重要性是什么),同时要考虑紧急事故的处理。

操作步骤	操作者	协助者

（2）填写操作记录。

① 称料记录。

序 号	原料名称	理论质量/g	实际称料质量/g
1			
2			
3			
4			
5			
6			
7			
8			
9			
10			
合计：	g		

② 操作记录。

产品名称：　　　　　　产品质量：　　kg　操作者：　　　　生产日期：

序号	时间 （×点×分）	温度 /℃	搅拌速度 /(r/min)	压力 /MPa	操作内容
1					
2					
3					
4					
5					
6					
7					
8					

3. 考考你

你的产品外观：颜色_____，细腻程度_____，涂抹时的感觉_____
_____，使用后的感觉_____。

五、产品质量的评价及完成任务情况总结

1. 学习目的

通过对产品质量的对比评价,总结本组及个人完成工作任务的情况,明确收获与不足。

2. 要解决的问题

(1) 产品质量评价表。

指标名称		检验结果描述
感官指标	色泽	
	香气	
	膏体外观	
理化指标	pH	
	耐热性	
	耐寒性	

(2) 完成评价表格。

序号	项目	学习任务的完成情况	签 名
1	引导文的填写情况		
2	独立完成的任务		
3	小组合作完成的任务		
4	教师指导下完成的任务		
5	是否达到了学习目标,特别是正确进行雪花膏生产和检验产品质量		
6	存在的问题及建议		

5.3 引导文教学法的本质和目的

引导文教学法也是行动导向教学法的一种,它是根据企业传授实践技能的方式发展而来的,其目的不是以学校的教学为导向,而是作为企业职业培训的一种方法。引导文是专门的教学文件,常常用于一项实际工作的前期准备和后期实施,用引导文法指导学生的自学过程。对工科专业课教学来说,就是来自工程实践的与教学内容密切相关的技术问题。通过工作计划和自行控制工作等手段,引导学生独立完成学习和工作任务。所谓"独立",既可以是一个学生,也可以是几个学生组成的小组。前者更有利于培养学生的独立工作能力,后者则更有利于培养学生的社会能力(如团队精神)。因此,一般都采用两者相结合的方式。

引导文教学法的核心是提出引导问题。通过核心问题的引导,学生学会自己分析引导文所给出的重要信息(常见引导文有专业书、手册、操作和使用说明书、标准表等);自己制订计划、实施计划。因此,有时也将这种方法称为引导问题法。它适应各层次学生的水平和学习进度,在鼓励优秀学生和先进生的同时,也不放弃滞后生。教师结合实际,布置学习任务并准备相应的引导文资料、组织教学活动,学生则根据引导文及相关资料完成理论学习和实践任务。

引导文教学法不仅教会学生专业知识和技能,还培养他们的专业能力、方法能力和社会能力。引导文教学法是培养学生"关键能力"的一种卓有成效的方法,如独立工作和自学的能力,严谨、认真的工作态度,分析和解决问题的能力,交往、管理和协调能力,团队合作精神和对团队负责的意识,事先处理问题的能力,接受和处理新信息的能力及思辨能力,快速和灵活地适应新环境的能力。

5.4　引导文教学法的内容与特点

5.4.1　组织形式

1. 独立工作形式

每个学生独立制订计划,独立实施计划,独立评估计划。

2. 小组工作形式

根据学习项目的具体情况,把学生按一定人数分为小组,以小组为单位完成教学任务。一般把学习能力不同的学生安排在一组,以便相互交流,相互促进,共同提高,进一步扩大教育能量。小组工作又可以采取两种方式:

(1)小组成员一起讨论,共同制订工作计划,每个成员独立完成相同的工作项目。这种工作方式多用于简单的教学项目。

(2)小组成员一起讨论,共同制订复杂项目(如某一产品的制备)的整体工作计划,然后按照具体分工,每个学生独立完成自己的工作任务。这种既有分工又有协作的组织形式,要求小组成员必须具有整体观念,共同合作完成制备产品中的所有工作,制备出合格的产品。

5.4.2　教师的作用

教师的工作重点集中在开发引导文、教学准备阶段和收尾阶段。教学过程中教师只起组织、协调、督促、咨询作用。

5.4.3 引导文的主要内容

1. 学习目标

通过该教学项目,学生应完成什么工作,应掌握哪些知识和技能,即干什么。

2. 引导问题

学生在引导问题的指引下主动、独立地学习,制订出可行的工作计划,并对工作计划进行实施和评估,即怎么干。

3. 信息来源

为学生指出获取有关信息的渠道,培养学生获取、加工、处理信息的能力。除此之外,根据具体教学内容,引导文还可以附带技术说明书、工作计划表、原料明细表、工具需求表、成绩评定表、标准等必要的资料。

5.4.4 引导文教学法的主要特点

引导文教学法的主要特点为:①任务明确,一步步引导学生达到目标;②提出问题,学生独立思考、解答,找出完成工作的方法,培养学生制订计划、实施计划和评估计划的能力;③在没有实训教师帮助的情况下,培养学生的创造能力以及对环境的适应能力;④根据学生个人情况,因材施教,能者多学,充分发掘每位学生的潜在能力;⑤学习内容从易到难,逐步深化,螺旋上升;⑥便于采用小组工作法,培养学生的合作意识、协作能力。

5.5 引导文教学法的步骤

引导文的教学实践可分为六个步骤,它们相互关联,环环相扣,缺一不可。

5.5.1 明确任务,收集信息

布置任务,让学生知道要做什么,需要达到什么目的。借助引导问题和引导文(基础文和信息资料),学生在工作开始之前独立获取完成任务所必需的知识。流程图、专业书籍、标准和操作指南可以作为信息来源。

有研究表明,教师用于提问的时间常常少于课堂时间的 4%,而且他们提的问题极少需要学生思考。教师提出的问题及提问的顺序应该能够吸引学生的注意力,激发其好奇心,强调教学重点,促进主动学习。

正如罗斯马林(Rosmarin)指出的那样,要提出一个好问题很难,要完美地回答一个问题更难。因此引导问题应该鼓励学生独立思考,自己寻找问题的答案,而不是仅仅为工作做准备;同样教师还需要考虑的是,回答问题的方式必须有利于培养学生的好奇心而且能够提高他们的学习能力。

完成引导问题是引导文教学中一个重要环节,其目的是培养学生的自学能力、充分利用信息资源的能力和快速解决问题的能力,"关键能力"中的其中几个都是通过这一步来实现的。

5.5.2　讨论计划

工作计划是工作前的思考。要考虑设备的相关操作步骤、工艺条件,考虑所必需的工具、设备和原材料。学生(以小组为单位)不仅仅是把所有的工作步骤排列出来,也包括列出材料清单、工具清单并做出机器的运行计划,同时和指导教师交流。

这是一个团队合作讨论的过程,参加学习团队的学生通常拥有这样一个信念,就是团队通常可以完成个人无法完成的任务,他们可以从同伴教学中获益。讨论有利于学生积极地参与学习,通过讨论,学生的各方面能力将得到提高,如思考问题、组织概念的能力;组织、协调和管理能力;与人交际和沟通的能力。另外,还培养了团队合作精神和对团队负责的意识。

通过讨论,即面对面地交换信息、想法与意见,给学生提供了接受知识和深入理解的机会。一场效果良好的讨论中,学生能够清楚表达自己的想法,对同学的观点做出反应,提高评价自己和同学的论证的能力。激发并维持一场活跃而有意义的讨论是教师的教学活动中最富有挑战的工作。因此,课前要做好充分的准备,避免陷入假讨论的误区。

5.5.3　指导教师参与决策

学生往往只有积极参与到学习过程中时,才能学得更好。有报告说,学习同样的内容,无论什么主题,学生在小组学习中学到的东西比接受其他教育方式学到的东西要多,记忆也会更持久。而且,参与合作小组的学生对学习效果也会感到更加满意。

决策是前一步工作的延续,同样是由小组讨论(团队合作)来完成,但指导老师会参与其中,听取讨论结果,帮助选择可以接受的、修订了的或者重新制订的方案。

与教师的专业谈话还要讨论引导问题的答案,并补充现有的知识缺陷。讨论作为一个学习的机会,其质量直接受到学生的热情程度、投入程度以及参与意愿的影响。该过程将对那些"较差"的学生提出特别的要求,如让他们口头回答问题并陈述理由。避免他们简单地从引导文上抄取答案或者总是由"较好"的学生完成任务。

5.5.4　方案实施

计划的实施由学生独立完成。如果遇到新的技能问题,指导教师另外提供帮助,但不一定采用授课形式。例如,在搅拌釜的操作中,学生先说出应怎样启动和操作搅拌釜,指导教师做出纠正和补充,然后共同启动搅拌釜。指导教师指出学生的错误,而不是马上就给出答案,答案应由小组成员共同寻找。当然,有发生事故的可能性时,指导教师就必须立即制止。

实施计划以检验方案的可行性。在前一步的讨论中,小组成员可能选择了不同的方案(有些方案并不是很好)。实施时,他们将会相互对比,并发现问题,从而修正、完善自己的计划,最终得出较为理想的方案。通过切身体会、结合实际思考得出的结论,比教师课堂传授更容易被掌握和应用。

5.5.5　检查

每个任务都会有单独的检查表(评分表),学生能在其中了解到,为了实现学习目标,要付出怎样的努力。这将使他们学会独立地评价自己完成工作的质量。在计划实施过程中不断进行检查,能及时纠正错误和改善方法。一般情况下,首先由学生自己检查他们的工作质量,然后由指导教师(或者其他学生)检查。相互之间交换检查,也是他们学习、交流经验和心得的机会。

5.5.6　评估

最后的评估是与指导教师共同进行小组评价,不是单纯给出成绩,在很大程度上是解决出现的问题,以及每个学生在下次工作中应该注意的问题。

引导文教学法的实施过程就是"理论指导实践,实践修正理论"的一个个循环。学生从中学到的不仅是知识,还有工作经验。

这六个阶段不是简单的递进关系,而是一个往复循环螺旋上升的关系。六个阶段为一个教学循环周期,在第六阶段完成后,就可以在此基础上提高要求进入下一个六个阶段的循环,学生在各阶段和循环中学习提高。在不断地获取知识的同时学会分析问题、解决问题、协调关系的方法。

5.6　传统的讲解示范教学法与引导文教学法的主要差别

20世纪80年代以前,德国职业教育实训教学的组织形式主要采用四阶段教学法,这种教学法具体包括讲解、示范、模仿和练习等。20世纪80年代中期以后,企业内的实训教学逐步向引导文教学法、小组工作法、项目与运用教学法等教学组织形式过渡,注重培养学生的自主学习能力和独立工作能力,其中引导文教学法使用最为广泛。引导文教学法与四阶段教学法相比较,其具体差异见表 5-2。

表 5-2　引导文教学法与四阶段教学法的比较

四阶段教学法		引导文教学法	
教的方法	学的方法	教的方法	学的方法
讲解	倾听	提出核心问题 问题交谈	独立收集信息
示范	观看	帮助计划 交换建议	独立制订计划
纠正	模仿	提出指导原则 讨论问题	独立实施
评价	练习	提出检验表格 评价结果	独立检验

从引导文教学法与四阶段教学法的比较中可以看出,引导文教学法强调在每一步骤中,要求学生积极参与,突出独立自主性的教学活动。它的优越性主要体现在两大方面。一是学生自主学习方面。引导文教学法在学生自主学习方面有三个优点:①与通常的听课相比,学生掌握或理解的程度要高得多;②通过测验和个别谈话,教师能马上确定学生未理解的方面,随后马上能弥补其不足之处;③学生越表现出自主学习的愿望,教师就越有可能全身心地关注学习困难的学生。二是在学习组织方面。引导文教学法在学习组织方面也有三个优点:①学生的学习是通过书面材料来获得信息,并学会对自己所做的工作进行检验和评价;②学生们必须互相合作,共同计划和参与抉择;③通过小组工作,促进了学生协调合作的能力。

5.7　引导文教学法中各主体对象的相互关系

要充分发挥引导文教学法的优势,除了协调好学生和教师两个主体关系外,还与课题内容和要求目标两个因素分不开。在教学过程中学生是主体角色,但在整个教学体系中教师必须充分发挥积极的主导作用。

1. 教师

教师决定通过什么样的教学法教,通过什么样的方法主导学生学。要注意四个方面:第一,引导文的制订包括教学的所有要素是教学的灵魂,要有足够的专业信息,遵循学生最近发展区原则。第二,确定任务时一个项目不宜过大,可以是由一个或多个知识及技能点组成的小项目,要与前面的知识有一个递进提高的阶梯。第三,协助学生确定工作计划和进行完成情况的评估,把握学生学习的进度和方向,在不直接参与学生活动的四个阶段中,辅助学生要有度,要允许学生犯错,给予他们发现问题、分析问题、解决问题的机会。第四,合作小组成员要合理搭配,要注意成绩和性格合理性。

2. 学生

在学习过程中要根据引导文积极收集信息,以自主学习的方式为主,不能过多依赖教师的指导,在小组合作中要明确分工,严格按照引导文的要求执行。发现问题时要积极发挥小组其他成员的力量,共同分析、解决问题。过程的记录和结果的检查非常重要,不可忽略。

3. 课题内容

课题内容要具备两点要求:①是真实工作情境中的实际任务;②是结合实践的项目工作任务。

测 试 题

单项选择题(每一题给出了四个备选答案,请选择一个最适合的答案填于空中)。

1. 引导文教学法是典型的(　　　)。

A. 行动导向教学法　　　　　　　　B. 情境教学法

C. 情景教学法　　　　　　　　　　D. 模拟教学法

2. 在引导文教学法的组织中,教师的工作重点集中在(　　　)。

A. 实施阶段

B. 教学准备阶段

C. 开发引导文、教学准备阶段和收尾阶段

D. 讨论阶段和收尾阶段

3. 引导文教学法的工作程序分为如下步骤(　　　)。

A. 提出问题,分组讨论,提出决策,进行实施

B. 讨论,质量控制,解决问题,检查

C. 计划,实施,讨论,检查,评估

D. 收集信息,计划,决策,实施,检验,评价

4. 引导文教学法的核心是(　　　)。

A. 提升学生的理解能力　　　　　　B. 提出引导问题

C. 提高学生的阅读能力　　　　　　D. 培养学生的写作能力

5. 引导文教学法的实质性阶段是指(　　　)。

A. 计划阶段　　　　　　　　　　　B. 实施阶段

C. 检验阶段　　　　　　　　　　　D. 评估阶段

6. 在引导文教学法的评价阶段,正确的评价内容应该是(   )。

A. 对引导文理解的评价

B. 学生自我评价

C. 小组成员的互评和对产品自身的评价

D. 对前几个步骤的评价、产品本身的评价和学生工作态度、责任心等学生行为的评价

7. 在引导文教学法中,检验的两大类包括(   )。

A. 学生自己检查产品质量或工作质量;学生相互之间交换检查产品质量或工作质量

B. 由指导教师检查产品质量或工作质量;学生自己检查产品质量或工作质量

C. 一是在整个实施过程中不断检验工作质量、准确性等;二是在实施终结时,将产品同委托要求进行比较,检验质量与规格相符程度

D. 学生相互之间交换检查产品质量或工作质量;指导教师检查产品质量或工作质量

8. 在整个引导文教学法的教学体系中教师必须充分发挥积极的(   )作用。

A. 主体　　　　　　B. 控制　　　　　　C. 主导　　　　　　D. 监督

9. 就引导文教学法中各主体对象的相互关系来讲,课题内容要具备的两点要求是(   )。

A. 要有足够的专业信息和遵循学生最近发展区原则

B. 真实工作情境中的实际任务和结合实践的项目工作任务

C. 包含必要的理论知识和便于对所做的工作进行检验和评价

D. 能提出核心问题进行讨论和便于教学安排

10. 引导文教学法的实施过程是(   )。

A. "理论指导实践,实践修正理论"的一个循环过程

B. 培养学生的自学能力、充分利用信息资源的过程

C. 按照讨论得出方案,然后再通过实施方案过程中的问题来检验方案优劣的过程

D. 将产品同委托要求进行比较,检验质量与规格相符程度的过程

11. 引导文的主要内容包括(   )。

A. 学习目标、引导问题、信息来源

B. 教材和参考书

C. 流程图、专业书籍

D. 技术说明书、工作计划表、原料明细表、工具需求表、成绩评定表、标准等

12. 在引导文教学法的决策阶段,通常采用(   )的方式最终做出决策。

A. 查阅资料　　　　　　　　　　　　B. 学生小组讨论

C. 个人独立制订方案　　　　　　　　D. 教师与学生谈话

[参考答案:1. A　2. C　3. D　4. B　5. B　6. D　7. C　8. C　9. B　10. A　11. A
12. D]

5.8 引导文教学法的应用案例一

5.8.1 工业用水中钙镁总量的测定教学设计

"工业用水中钙镁总量的测定"教学设计

(广州市信息工程职业学校 潘中娟提供)

专业	化学工程与工艺专业		
课程名称	化工分析		
学习任务	工业用水中钙镁总量的测定	教学时间	12学时

一、学习任务设计

1. 学习任务的确定

直接滴定法是一种重要的滴定分析方法;

配位滴定法是滴定分析方法中的一类重要的分析方法;

水硬度的测定在工业和生活中有着广泛的应用。

学习任务的描述:测定自来水等水样的硬度,完成一份完整的分析报告。

2. 学生情况分析

班级情况:

该班学生主要是08级工业分析与检验专业海南省分教点回来的学生和部分龙洞分教点回来的学生,他们的基础知识较薄弱,特别是专业基础知识,但求知欲较强,纪律较好,能服从教师的要求和指挥。

专业能力基础:

经过两个多月的学习,学生已经有了一定的化学实验意识和分析质量意识,能基本正确使用滴定分析仪器和分析称量仪器,有了一定的滴定终点控制意识。

3. 学习目标

会制订一份"工业用水中钙镁总量的测定"的分析方案;

会测定水的硬度;

会对分析数据进行计算。

4. 学习参考资料

教学课本:

《化工分析》(第三版)(张振宇主编,化学工业出版社)第四章"配位滴定法"。

参考资料:

《无机物定量分析基础》(顾明华主编,化学工业出版社)第六章"配位滴定法"中的第六节"EDTA 标准溶液的制备"和第七节"配位滴定法在无机物定量分析中的应用"。

任务书:

将资料整理后放在引导文中发给学生,以供学生学习。

5. 学习任务的重点、难点

重点:

(1) 小组合作制订合理的分析实验方案;

(2) 分析过程中的正确操作步骤。

难点:

(1) 滴定条件的控制;

(2) 铬黑 T 指示剂的变色终点控制;

(3) 分析数据的正确处理。

6. 环境

教学场地:

教室、分析实验室、分析天平室。

教学仪器:

分析天平、分析用滴定仪器等,实验中所用的药品、试剂、自来水样。

二、教学组织形式

将学生分为 6 个小组,每 8 人一组,设组长一名。其中规定安排 4 人做标准溶液标定,4 人做样品分析。其余的工作如溶液配制、仪器安装、样品称量等由组长安排或组内协商解决。阅读任务书、回答问题阶段由全体学生共同完成;完成引导文、讨论计划、实施计划、书写分析报告等阶段由小组合作完成;最后,总结学习情况,评价分析结果由全体学生和教师共同完成。

三、教学方法

1. 基本原则

以学生为中心;以引导文引领学习;理论认识和实践学习相结合。

2. 教学方法

引导文教学法,任务教学法。

四、教学流程设计

教学流程图见图 5-1。

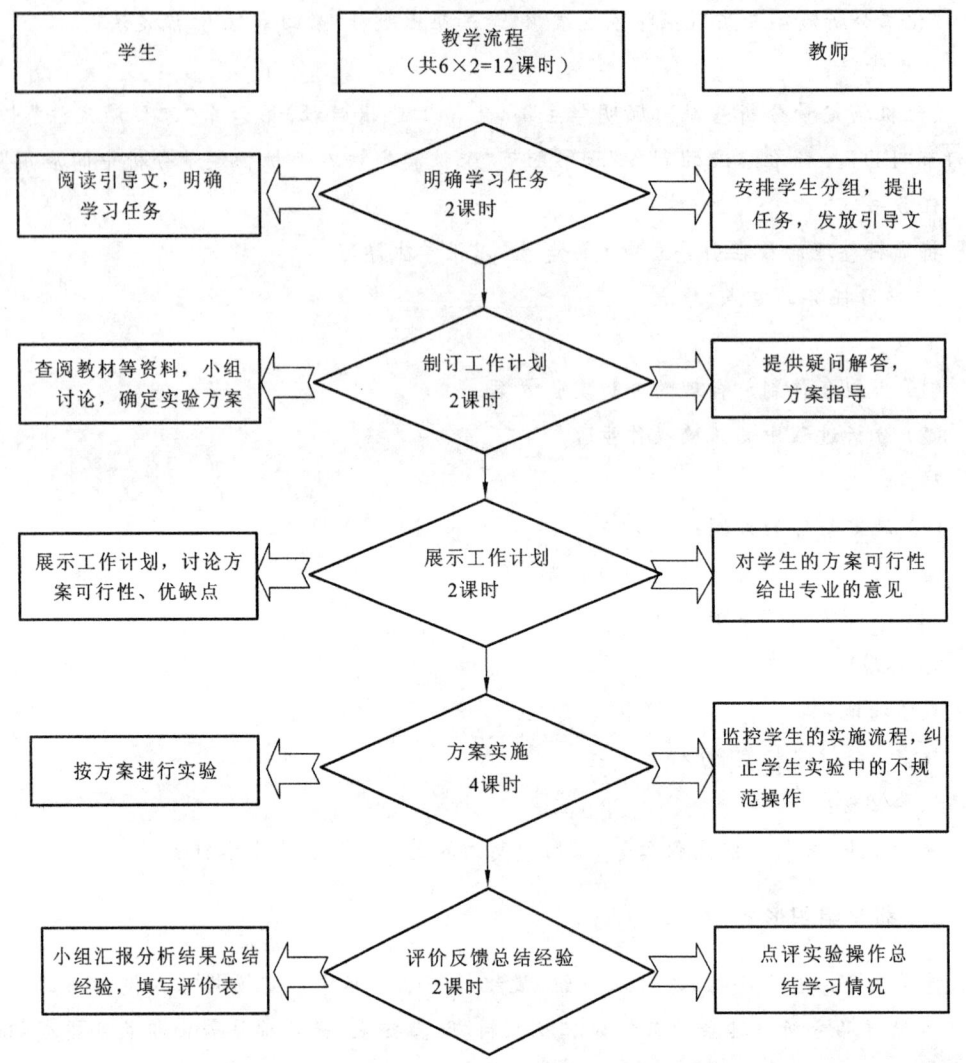

图 5-1 工业用水钙镁总量的测定教学流程图

五、教学过程(表 5-1)

表 5-1 教学过程设计表

项目 阶段	阶段目标	学生行为	教师行为	学习 方法	课时
认识任务、明确目标	明确项目任务; 对测定步骤、所用仪器试剂及操作方法、计算公式有一个初步了解	查阅学习材料,记录所用仪器、试剂; 思考教师强调的注意事项及提出的问题	发放引导文,提出工作任务; 讲解实验原理、任务意义; 指导学生分组、分工; 讲解测试注意事项	讲解 + 讨论	2

续表

项目阶段	阶段目标	学生行为	教师行为	学习方法	课时
收集信息、制订工作计划	学会以自学的方式获取所需信息；学会在教师指导下正确选择有用信息；理解国家标准中的相关条文，并能应用；培养同学间的协作关系，锻炼组织能力	分小组进行，各小组组长负责分配任务；按照任务，分工获取所需信息；通过查找学习资料，学习工业用水中钙镁总量的测定过程，测定原理及意义，所用仪器、试剂，测定注意事项	为学生提供获取所需信息的手段及途径，指导学生选取有用信息；随时解决学生遇到的问题，并正确引导；通过小专题形式讲解国家标准相关知识。指导学生设计工作方案	引导法及讲授法	2学时＋课后4学时
展示工作方案	初步设计工作方案；在教师指导下对工作方案进行评价；确定最终工作方案	初步设计出测试数据记录表格及测试报告；各小组展示自己的工作方案；各小组在教师指导下确定工作方案	强调测试注意事项；协助学生确定工作方案	讨论法及设计法	2
实施工作方案	分组独立完成测试工作；学会工业用水中钙镁总量的测定方法及步骤；学会EDTA标准溶液的制备；学会配位滴定时的酸度控制	各小组做好测试前准备工作(人员分工、试剂、领仪器)；各小组分工协作，按既定工作方案进行具体测试工作；做好测试过程中的数据记录；做好测试后的整理工作；正确处理测试数据；出具测试报告	掌握学生的工作过程，随时解决工作中出现的疑难问题；随时纠正学生的不规范操作；对学生的各个方面(学习态度、操作水平及各关键能力)进行评价	实践法	4
评价反馈总结经验	通过测试工作过程的情况，测试数据及数据记录表格、实验报告、测试报告评价测试工作质量；学会总结与反思	各小组展示自己的测试数据记录、实验报告、测试报告，并在教师指导下进行评价；各小组简明扼要叙述测试工作过程、任务完成情况及存在的问题；各小组组长对组员工作给予评价	引导学生评价各小组的测试数据、实验报告、测试报告、注意事项；引导学生进行总结	实践法及讨论法	2

附

"工业用水中钙镁总量的测定"引导文

第_____实验小组　　　　组长：_____　　　副组长：_____

小组成员：

完成本学习任务后，你应当能达到以下目标：

知识目标：

能叙述水硬度的测定原理、方法。

技能目标：

会控制水硬度分析的滴定条件；

会制备 EDTA 标准溶液；

会正确判断铬黑 T 指示剂的变色终点。

能力目标：

自主或在同学帮助下制订一份较完整的分析实验方案；

写出一份较完整的分析报告书。

准备工作：

(1) 将全班学生分为若干组，每组由组员自行选出组长和副组长并进行适当的分工。

(2) 学习参考资料：

①《化工分析》(第三版)(张振宇主编，化学工业出版社)第四章"配位滴定法"。

②《无机物定量分析基础》(顾明华主编，化学工业出版社)的第六章"配位滴定法"中的第六节"EDTA 标准溶液的制备"和第七节"配位滴定法在无机物定量分析中的应用"。

③ 生活饮用水卫生标准(GB 5749—2006)(部分)：

指标	限值
色度(铂钴色度单位)	15
浑浊度(NTU-散射浊度单位)	水源与净水技术条件限制时为 3
臭和味	无臭味、异味
肉眼可见物	无
pH	不小于 6.5 且不大于 8.5
总硬度(以 $CaCO_3$ 计，mg/L)	450

一、学习任务的描述

测定自来水等水样的硬度，完成一份完整的分析报告

二、知识准备（分析工作任务，收集资料）

1. 测定原理

问题：水中钙镁含量的滴定分析原理是什么？测定时指示剂应如何选择？

小知识：水的硬度

水的硬度是指水中含有可溶性钙盐和镁盐的多少。水的硬度分为暂时硬度和永久硬度两种。暂时硬度主要由钙、镁的酸式盐所形成，煮沸时即分解成碳酸盐沉淀而失去其硬度；永久硬度主要由钙、镁的硫酸盐、氯化物、硝酸盐等形成，不能用煮沸的方法除去。暂时硬度和永久硬度之和称为"总硬"。由镁离子形成的硬度称为"镁硬"，由钙离子形成的硬度称为"钙硬"。

水的硬度测定是水质控制的重要指标之一。

2. 标准溶液

EDTA 标准溶液常采用间接法配制，即先配制一个大约浓度的溶液，然后再用 ____ _____ 进行标定。通常我们可以采用 _____ 、_____ 等基准物进行标定。EDTA 溶液选用氧化锌做基准进行标定时，应控制溶液的酸度为 ____ _____ 。

要配制 pH＝10 的缓冲溶液，应选用缓冲体系是（　　　）？

A. HAc-NaAc 体系　　　　　　　　　　B. NH$_3$-NH$_4$Cl 体系

3. 指示剂

(1) 金属指示剂应具备什么条件？

(2) 滴定到终点时，我们观察到的颜色是指示剂本身的颜色还是其他颜色？为什么？

(3) 铬黑 T 作为指示剂，到终点时应能观察到什么样的颜色变化？为什么？

4. 计算公式

(1) EDTA 溶液用氧化锌做基准物进行标定时，应如何计算数据结果？

(2) 液体样品的分析测定结果用什么表示？计算公式是什么？

(3) 分析数据的精密度、准确度通常用什么表示？如何计算？

小知识：硬度的计算公式及表示方法

硬度的表示方法尚未统一，目前我国使用较多的表示方法有两种：一种是将所测得的钙、镁折算成 CaO 的质量，即 1L 水中含 10 mg CaO 称为 1 度，以 1° 表示。水的硬度在 8° 以下的称为软水；在 8° 以上的称为硬水。生活饮用水的总硬度要求 ≤25°。另一种是将所测得的钙、镁折算成 CaCO$_3$ 的质量，即 1L 水中含 CaCO$_3$ 的量（mg/L）。

$$总硬度 = \frac{c(EDTA) \times V(EDTA) \times M(CaCO_3)}{V_{水样}} \times 1\,000\,(mg/L)$$

三、确定工作方案及实施

实验名称：

样品编号：_____　　实验日期：_____　　室温：_____

1. 实验原理

2. 仪器

3. 试剂

(1) 配制 pH＝10 的缓冲溶液。

计算用量：

配制方案：

(2) 配制氨水(1＋1)。

计算用量：

配制方案：

(3) 配制盐酸(1＋1)。

计算用量：

配制方案：

4. 分析步骤

(1) 0.02 mol/L EDTA 溶液的配制。

计算用量：

配制方案：

(2) 0.02 mol/L EDTA 溶液的标定。

5. 实验数据记录、处理

(1) 实验数据记录。

个人数据记录表格 ——标准溶液的标定记录表

第_____小组　　姓名_____

标准溶液名称：_____　　　浓度：_____

基准物名称：_____

指示剂名称：_____

编号	1	2	3	4
倾出基准物前质量/g				
倾出基准物后质量/g				
基准物质量/g				
消耗标准溶液体积/ml				
空白消耗标准溶液体积/ml				
标准溶液浓度/(mol/L)				
平均浓度/(mol/L)				
相对极差/%				

表 2　小组数据记录表格——标准溶液浓度的标定

实验员				
标准溶液浓度/(mol/L)				
平均浓度/(mol/L)				
相对极差/%				
实验用时	从　　　开始到　　　结束,共　　　分钟			

个人数据记录表格——液体样品测定记录表

第_____小组　　姓名：_____

实验名称：_____

实验方法名称：_____

指示剂名称：_____　标准溶液名称：_____　浓度：_____

编号	1	2	3
水样体积/ml			
消耗标准溶液体积/ml			
样品含量/(mg/L)			
平均含量/(mg/L)			
相对极差/%			

小组数据记录表格——水样的测定记录表格

实验员				
样品含量/(mg/L)				
平均含量/(mg/L)				
相对极差/%				
相对误差/%				
实验用时	从　　　开始到　　　结束,共　　　分钟			

（2）实验数据处理。

6. 实验误差分析

7. 讨论

8. 实验注意事项

四、测试报告

样品名称：　　　　　　　　　　生产单位：

送检单位：　　　　　　　　　　生产日期：

样品状态：　　　　　　　　　　样品编号：

检验项目：　　　　　　　　　　　样品数量：

检验方法：　　　　　　　　　　　检验日期：

检验项目	检验结果	精密度	技术要求	结论

检验员：

复核员：

分析日期：

五、评价及反馈

自我评价及小组对组员评价表如下：

项目及权重	自评	小组评	教师评
引导文的填写是否认真(10分)			
分析方案的确定是否有疏漏(10分)			
引导文填写的正确性(5分)			
实验准备工作做的是否认真、全面、正确(5分)			
称量、移液时操作是否正确、规范(5分)			
滴定操作是否正确、规范(5分)			
滴定终点控制是否正确,有没有过量(5分)			
与小组成员间能否相互协助(10分)			
是否爱护实验仪器(5分)			
个人分析结果的精密度(10分)			
小组分析结果的精密度(10分)			
小组分析结果的准确度(10分)			
小组总的实验用时(10分)			
对本次学习的总体评价(5分)			
小计			
成绩＝自评40％＋小组评40％＋教师评20％			

注：(1) 精密度要求:相对极差≤0.15％为优秀,0.15％～0.30％为良好,0.30％～1.00％为一般,>1.00％为较差。

(2) 准确度要求:相对误差≤0.20％为优秀,0.20％～0.50％为良好,0.50％～2.00％为一般,>2.00％为较差。

(3) 实验规定总用时为150分钟,提前30分钟给出分析报告者为优秀,在规定时间内给出分析报告者为良好,超时30分钟为一般,30分钟后仍没有完成分析任务者为较差。

(4) 评分标准:按优秀、良好、一般、较差四个等级评分,分值分别为相应权重的100％、80％、60％、40％。

5.8.2　工业用水中钙镁总量的测定案例分析

1．教学方法的选择

工业用水中钙镁总量的测定包括以下内容：容量分析仪器的使用、配位滴定的原理、EDTA 标准溶液的制备、水中钙镁总量测定的原理及方法等。本次教学内容处于课程中间的位置，在这之前，经过两个多月的学习，学生已经有了一定的化学实验意识和分析质量意识，能基本正确使用滴定分析仪器和分析称量仪器，有了一定的滴定终点控制意识。根据本班学生的特点，缺乏学习的主动性和系统学习的观念，也就是所学的知识和技能是零星的、不连贯的，可用行动导向教学法——引导文教学法进行教学，有助于培养学生独立学习、计划、实施和检查的能力。使他们在学到工作方法的同时，能用之独立解决培训中（今后的职业生涯中）遇到的问题。

2．教学过程分析

1）认识任务，明确目标

教师发放引导文，提出工作任务，让学生明确学习任务及目标；通过教师讲解实验原理、任务意义等，让学生熟悉测定步骤、所用仪器试剂及操作方法、计算公式有一个初步了解；同时根据引导文的要求查阅学习材料，记录所用仪器、试剂，为下一阶段的学习做准备；在教师的指导下，学生进行分组，每组选出组长，由组长对本组人员进行分工。本阶段是学习的准备阶段，分组是关键，每组学生要能互相配合好。引导文的发放可从一开始就让学生明确学习目标，做到有目标地学习。

2）收集信息，制定工作计划

按引导文的要求，根据本组的实际情况，各组分工收集信息，通过查找学习资料，学习工业用水中钙镁总量的测定过程，测定原理及意义，所用仪器、试剂，测定注意事项等。教师在此过程中为学生提供获取所需信息的手段及途径，指导学生选取有用信息，并随时解决学生遇到的问题，对学生设计工作方案进行适当的指导。通过广泛收集信息，可培养学生的自学能力和积极性；小组合作学习又可培养学生间的协作关系；通过制订工作方案可锻炼学生解决问题的能力。

3）展示工作方案

各组展示自己的工作方案。可利用多媒体的方式展示，每组派一名代表讲解本组的工作方案。其他组的同学针对此方案进行讨论和评价，并提出建议。根据教师和同学的意见，小组内进一步讨论方案的合理性，考虑是否对方案进行修改，最终确定工作方案。通过方案的展示及最终确定，进一步明确了实验的原理和方法，还锻炼了学生的语言表达能力、运用多媒体的能力等。

4）实施工作方案

各小组按既定方案进行工业用水中钙镁总量的测定，本阶段可采用小组学习与个人学习相结合的方式。公用的试剂配制、仪器的选取可由组长分工完成。为尽可能保证结果可靠,可由组内每人做 2～3 组数据,取大家的平均值作为测定结果。通过实施方案,检验了工作方案是否方便可行。教师在此阶段要监控学生的工作过程,随时解决工作中出现的疑难问题,及时纠正学生的不规范操作,并对学生的各个方面(学习态度、操作水平及各关键能力)进行评价。

5) 评价反馈,总结经验

在教师的指导下,各小组对自己完成学习任务的情况进行评价及反思,采用自评和他评相结合的形式,也可由每组派出代表讲解对本次学习过程的收获与不足之处。最后由教师总结全班的学习情况,并再次强调本学习任务的重点及难点。

3. 案例特点

在工业水中钙镁总量的测定项目中,采用引导文进行行动导向的教学。借助提出核心问题、制订工作计划和进行自我检验等步骤,促使学生不断树立正确的学习动机,激发学习热情,提高学习的自觉性,达到自主学习的境界。学生通过小组工作和探究式学习,促进协调合作能力的发展。通过这种方式的学习,不但教会了学生学习的方法及解决问题的能力,且培养了学生的综合职业能力,这一点是最重要的。

5.9 引导文教学法的应用案例二

5.9.1 洗发香波生产教学设计

“洗发香波生产”教学设计

(广州市信息工程职业学校 何景通提供)

一、学生基础分析

本次学习任务的教学对象是 06 级精细(2)、(4)班,在此之前学生已经有以下学习和实践基础:

(1) 会利用真空乳化设备生产“雪花膏”、“洗洁精”等产品。

(2) 掌握对常用的原料(如 AES,6501 等)的使用技巧。

(3) 会使用及维护常用的日化产品分析仪器。

(4) 会利用电脑在网上查阅资料。

(5) 有分组生产产品的经验。

二、教学目标

(1) 能描述洗发香波配方的常用原料及其外观和性能用途。

（2）能叙述洗发香波的生产工艺流程。

（3）能利用真空乳化机生产洗发香波。

（4）会使用及维护酸度计、旋转黏度计、罗氏泡沫仪、烘箱等仪器。

（5）能比较熟练地对洗发香波进行调色。

（6）能制订普通洗发香波配方设计的计划。

（7）具有自学能力，并能利用多媒体或图书搜集及整理资料。

（8）能分析问题并对产品质量进行控制及调整。

（9）通过分组生产，提高关键能力。

（10）通过查找信息，认识生产资料价格与世界经济的联系。

三、教材依据

主要学习资料	洗发香波生产引导文
辅助学习资料	教材——《化妆品原理·配方·生产工艺》中"洗发香波"相关章节的内容 学生搜集的相关知识材料

四、教学重点与难点

（一）教学重点

（1）利用真空乳化机生产洗发香波。

（2）洗发香波常见理化指标项目的检测。

（二）教学难点

（1）学习资料的搜集、整理、归纳。

（2）设计及筛选洗发香波配方。

五、教学方法

行动导向法——引导文教学法

六、教学环境设计

（一）样品制备及检测实验室

（1）用途：用于完成"确定生产方案"、"产品检测及质量控制"、"产品质量反馈"等学习任务。

（2）学生分组安排：2 人/组（从每个生产小组的 8 个成员中细分成 4 个小组）。

（3）仪器及设备要求：500 mL 烧杯（1 个/组）、小烧杯（3 个/组）、玻璃棒（1 支/组）、100 ℃温度计（1 支/组）、电热套（1 个/组）、搅拌机（1 台/组）、升降台（1 台/组）、NDJ-7

旋转黏度计(5 台)、pH-3 酸度计(5 台)、罗氏泡沫仪(2 套)、烘箱(1 台)、冰箱(1 台)。

(4) 原料要求:学生在实验室能提供的洗发香波常用原料中选取。

(5) 指导教师安排:视情况安排 1～2 人(任课教师＋实验员)。

(6) 实验室简图:

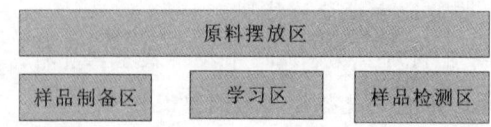

(二) 生产车间

(1) 用途:用于完成"按既定方案生产洗发香波"的学习任务。

(2) 学生分组安排:8 人/组(两组同学同时进行生产,全班分 2～3 批进行)。

(3) 仪器及设备要求:100 mL 小烧杯(5 个/组)、250 mL 烧杯(3 个/组)、500 mL 烧杯(6 个/组)、玻璃棒及药匙若干、电子台秤(2 台/组)、真空乳化设备(2 套)。

(4) 原料要求:每组最终确定的生产方案中的配方原料。

(5) 指导教师安排:2 人(任课教师＋实验员)。

(6) 生产车间简图:

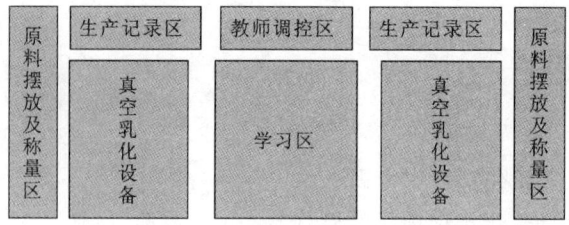

(三) 多媒体教室

(1) 用途:用于完成"理解学习任务和获取信息"、"完成学习任务情况总结"等学习任务。

(2) 硬件要求:电脑(1 台/人)、投影仪(1 台)、麦克风(1 个)、音箱(1 组)。

(3) 教工人员安排:任课教师 1 名。

(4) 多媒体教室简图:

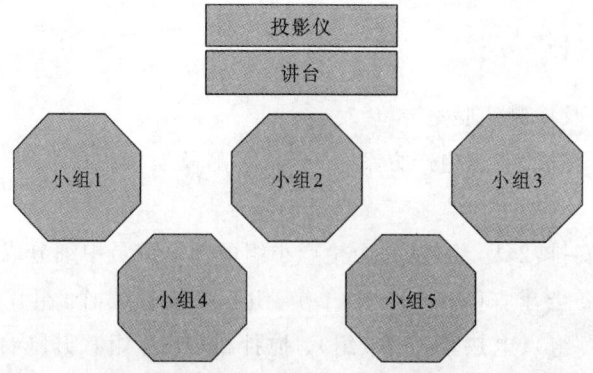

七、教学设计思路及课时安排

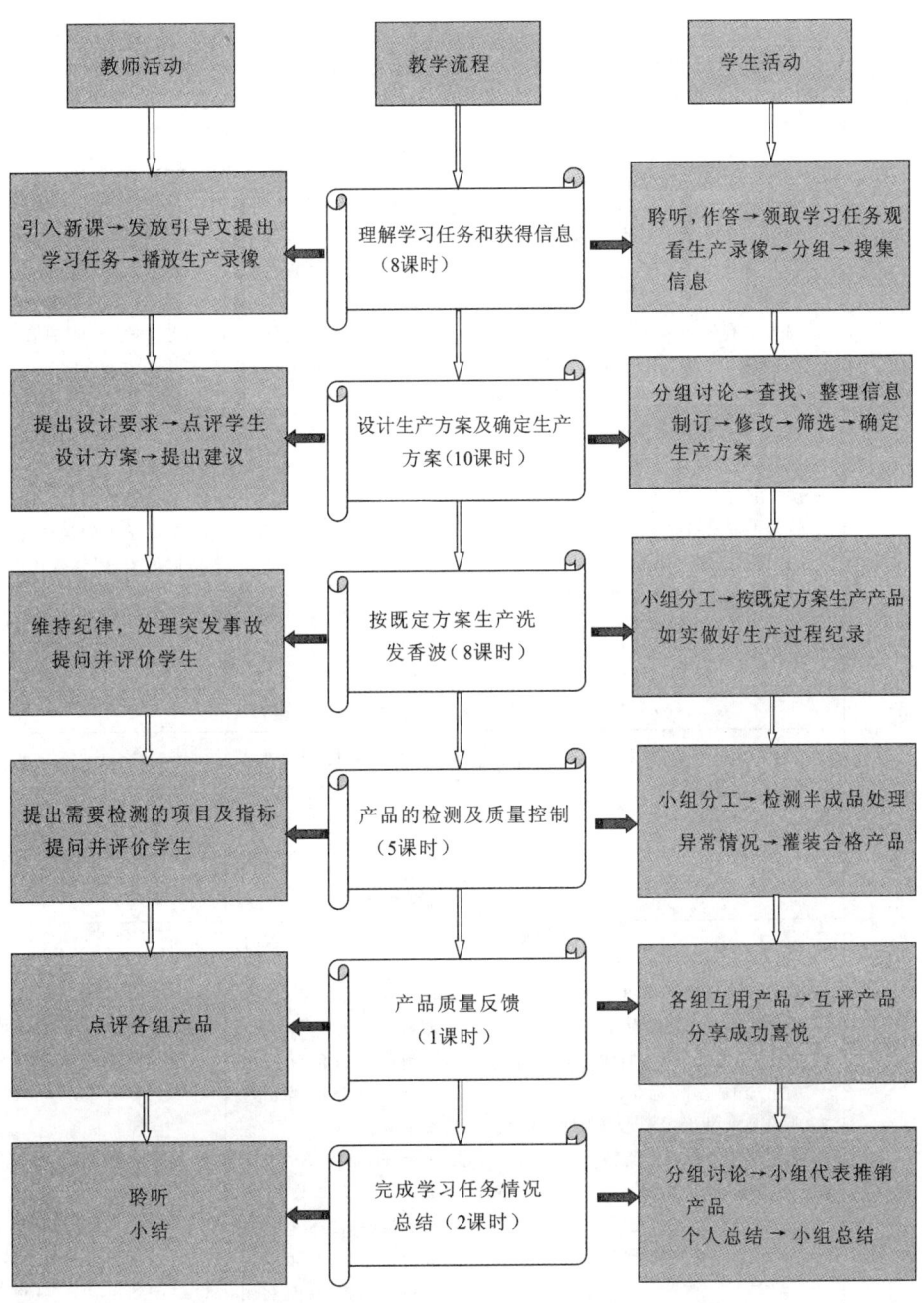

八、教学过程（表 3.2）

表 3.2 "洗发香波生产"教学过程

学习任务单元划分	教师活动	学生活动	教学意图
	领取学习任务（1 课时）		
理解学习任务和获取信息（8 课时）	1. 提问： (1) 市场上有哪些品牌的洗发水，哪些是你喜欢的，为什么 (2) 大家小时候用的洗发水与现在用的洗发水有何明显不同，你在不同年龄阶段对洗发水有何不同要求 2. 给学生发放"洗发香波参考配方"资料（含原料作用及生产流程图） 提问：配方与洗洁精及洗衣液等液洗类配方有何异同 3. 给学生发放引导文 4. 引入新课（学习任务） (1) 讲述本次洗发香波生产学习的任务、学习目标及课时安排 (2) 讲述分组要求	1. 积极回答及讨论问题 2. 分析资料，回答问题 3. 翻看"洗发香波生产引导文" 4. 聆听，利用课外时间分组（8 人/组）并选出组长及安排组员分工	1. 培养学生的表达能力，引入新课 2. 与旧知识进行类比，通过新旧知识的大量相同点，提高学生学习的信心和主动性 3. 让学生初步了解洗发香波生产学习任务的内容及安排 4. 通过学生们的自发分组，提高学生的沟通能力、协调能力、团体合作能力和责任心
	认识"洗发香波生产"流程（2 课时）		
	必要时通过停止录像，对学生进行启发式提问并点评	观看"洗发香波生产"录像，了解常用原料的外观、性能、用途和溶解规律，同时对录像内容进行必要记录	让学生对"洗发香波生产流程"有感性认识，了解生产过程的注意事项，为以后自行生产洗发香波打下基础
	学生搜集资料，获取信息（课内 5 课时）		
	1. 公布本次洗发香波生产中，实验室提供的原料及其库存量 2. 发放洗发香波学习资料（内含洗发香波的配方组成、国家标准等） 3. 明确要求学生需要收集哪些资料。要求至少查找以下资料： (1) 实验室提供的原料的最新价格（元/公斤） (2) 查找洗发香波的生产流程和参考配方 (3) 查找洗发香波的发展历程 (4) 查找洗发香波的种类及配方特点 (5) 查找引导文中的问答题答案 4. 利用课内或课外时间指引学生查找、筛选资料	1. 初步了解、衡量、选择原料 2. 了解洗发香波配方组成特点和产品需要检测的项目 3. 各组按照各组员的分工安排，有目的地收集、分析和整理相关资料。必要时，个别组员可以到学校图书馆，甚至利用课外时间收集资料 4. 对收集回来的资料进行筛选、归纳和整理，并在组员之间传阅和记录	1. 使不同组生产的产品更具可比性，节约教学成本 2. 辅导学生学习，使学生对产品配方及要求有一定的了解 3. 缩小搜索范围，减轻学生负担，让学生知道洗发香波的发展趋势，市场需求对产品配方设计的影响，了解生产资料价格与世界经济的密切联系。树立学生正确的人生观、价值观和经济观 4. 培养学生小组协作能力、责任心，以及提高学生的自学能力、表达能力和归纳能力

续表

学习任务单元划分	教师活动	学生活动	教学意图
	设计生产方案（9 课时）		
设计生产方案及确定生产方案（10 课时）	1. 阐明化工厂设计产品配方的依据和方法，产品配方筛选的原则及流程 2. 明确产品档次（5～10 元/公斤） 3. 明确实验小试要求： (1) 每组设计 3 个配方，递交教师检查及获取教师提出的改进建议 (2) 每个配方小试生产 200 克样品。按照引导文要求，检测各个样品的重要理化指标（引导文上列有要求检测的项目），组员现场使用样品，并按照引导文产品评价表进行评价 (3) 强调本次生产学习的目的在于过程，不强调产品的质量必须达到国家标准 (4) 要求在实验小试前，必须设计好生产流程图，期间更要详细地进行实验过程记录 (5) 提醒学生注意调色和调稠的注意事项	1. 聆听，记录 2. 根据所查原料最新价格，初步分析、选择配方原料及其用量 3. 组长组织组员讨论：确定组员分工细则；阅读引导文相关参考资料，了解洗发香波产品质量控制的主要内容；设计配方及生产流程图；回忆液洗产品调色及调稠的技巧及注意事项	1. 让学生了解设计产品配方的依据和方法，产品配方筛选的原则及流程 2. 减少教师对各组产品评价的难度，节约成本 3. 让每小组的成员都有机会参与到产品的小试生产过程中，提高学生兴趣。通过对样品的检测和使用，使学生巩固检测仪器的使用技能，让学生体会成功的喜悦。此外，通过学生设计流程图，提高学生们的自学能力、归纳能力
	确定生产方案（课内 1 课时＋课外 2 课时）		
	1. 组织各组派代表描述产品小试结果和打样过程中需要注意的问题 2. 要求各生产小组必须在规定的时间内确定产品配方及生产方案，并对各小组的设计方案提出建议	1. 选代表上台总结 2. 利用课外时间确定产品配方及生产方案，征求教师建议，最后呈交最终产品配方及生产方案给教师检查确认 3. 组长明确组员分工	1. 培养学生的口头表达能力和自信心 2. 每组最终确定可行的产品配方及生产方案
按既定方案生产洗发香波（8 课时）	1. 要求全班分批进行生产，每两组为一批，每组生产 8 千克产品 2. 要求组员做好生产过程记录 3. 强调仪器设备的检查、清洗、维护、保养和使用方法 4. 提问学生对突发事故应如何处理，评价学生 5. 生产过程中，教师必须在场，从旁检查并防止突发事故的发生	1. 小组协作按既定生产方案完成生产任务 2. 做好相关生产纪录 3. 回忆 4. 回答问题	先让学生复述生产注意事项，同时让每个生产小组独立完成生产任务，教师从旁检查并防止突发事故的发生

续表

学习任务单元划分	教师活动	学生活动	教学意图
产品的检测及质量控制（5课时）	1. 指导学生取样品 2. 要求每组学生检测产品的项目如下： （1）黏度 （2）pH （3）发泡力 （4）耐热、耐寒、稳定性（取样检测，24小时后，在课间时间取样品观察，并评价） 3. 提问学生检测注意事项并评价学生	1. 取半成品检测 2. 熟练运用相关仪器进行检测。对半成品检测不达标的情况进行质量控制，直至检测项目达标 3. 回答 4. 对合格产品进行灌装	让学生通过检测半成品，对不达标的项目进行产品调整。培养学生发现问题、分析问题和解决问题的能力
产品质量反馈（1课时）	评点产品，评价各个生产小组	不同生产小组各派两组员试用同批次生产小组的产品，并按照引导文中的产品评价表进行评比	利用互评产品的方法，使各小组得到更客观的评价，聆听或采纳其他组提出的建议，并与同学们一起分享成功的喜悦
完成学习任务情况总结（2课时）	聆听每位组长的总结，教师小结	1. 小组讨论并对本次"洗发香波生产"学习任务进行总结 2. 组长代表全组在全班面前进行学习体会总结 3. 填写学习效果自评表	培养学生的表达能力。学生通过填写学习效果自评表进行自我测评

附

"洗发香波的生产"引导文

准备工作：将全班学生分为若干组（每组6人），每组由组员自行选出组长。

第一节　洗发香波概述（4课时）

一、学习目标

学习完本节内容你应该能够：
（1）描述洗发香波的历史。
（2）叙述洗发香波的种类及常见品牌。

（3）描述普通洗发香波的配方组成及各种原料的作用。

二、学习资料

（一）洗发香波的历史

洗发化妆品包括清洗和调理头发的化妆品,其英文名称为 shampoo,音译为香波,现已成为洗发用品的同义词。

20 世纪 30 年代前,人们主要是用肥皂洗发,其后又用脂肪酸皂制成的液体香波洗发,但仅以皂类为基料的洗发用品,遇到硬水会生成絮状沉淀,粘在头发上,使头发不易梳理,并失去自然光泽,严重时使头发干枯;此外,肥皂水解后,溶液呈碱性,使头发膨胀而失去原有的强度。20 世纪 30 年代后,随着表面活性剂工业的发展,利用合成洗涤剂替代肥皂制成的香波,可克服上述缺点,可在硬水中使用。此后,香波的制作水平在短短几十年中得到了大幅度提高,目前有各种不同性能的制品,可满足不同使用要求。

从功能上看,洗发用品不单纯以去除污垢为目的,而是注重头发作为生物体的一种器官表征,由此重新评价理想的毛发洗净剂,从而使洗发用品在向以下的多功能方向发展。例如,泡沫细而丰富,即使在头皮和污物存在下也能产生致密、丰富的泡沫;去污力好又不使头发过分脱脂而造成头发干涩,易于冲洗,洗后头发爽洁、柔软而有光泽,不带静电,湿梳阻力小,干梳性好,性能温和;对皮肤和眼睛无刺激等。许多香波选用有药效的中草药或水果、植物的提取液作为添加剂,或采用天然油脂加工而成的表面活性剂,作为洗涤发泡剂等,以提高产品的性能,顺应“回归大自然”的世界潮流。

（二）洗发香波的种类和常见品牌关注度对比

1. 种类

（1）按剂型分。

按剂型分,洗发香波包括透明香波、膏状或浆状香波、乳液或珠光香波、凝胶状香波、气雾型香波和粉末状香波等。

（2）按功能和使用对象分。

按功能和使用对象分,洗发香波包括普通型香波、调理型香波、二合一香波、儿童用香波、药物型香波(包括去头屑、止痒、祛臭、杀菌等)、专用香波(如定型、染发、电烫和漂白后用香波)。

2. 洗发水品牌关注度对比(据百度数据研究中心调查)

2007 年,受关注程度由高到低的品牌有霸王、飘柔、潘婷、力士、舒蕾、海飞丝、采乐、沙宣。

（三）液态洗发香波配方组成

组成	主要功能	含量范围/% （质量分数）
主要表面活性剂	清洁、起泡	10.0～20.0
辅助表面活性剂	降低刺激性,稳泡,调理,黏度调节	1.0～3.0

组成		主要功能	含量范围/%（质量分数）
增稠剂和分散稳定剂		黏度调节,改善产品外观和体质	0.2~5.0
稳泡和增泡剂		稳泡和增泡,调节泡沫结构和外观	1.0~5.0
调理剂		调理作用(柔软、抗静电、定型、光泽)	0.5~3.0
珠光剂或乳白剂		赋予产品珠光和乳白外观	2.0~5.0
防腐剂		抑制微生物生长	适量
螯合剂		络合钙、镁和其他金属离子,抗硬水作用,防止产品因某些金属离子存在而变色,对防腐剂有增效作用	0.1~0.5
稳定剂	抗氧化剂	防止不饱和组分氧化,产生酸败,使产品变质	0.1~0.2
	紫外线吸收剂	防止紫外线引起产品变化和氧化	适量
着色剂		赋予产品颜色,改变外观	适量
酸度调节剂或缓冲剂		调节 pH	适量
香精		赋香	0.1~0.5
稀释剂		稀释作用,作为基体,一般为去离子水	适量
功能添加剂(去头皮屑剂、杀菌剂、动植物提取物、各种药物)		赋予产品各种特定的功能	适量

总体而言,香波的体系较特殊,是一个集表面活性剂胶团溶液、油性物质的增溶或分散悬浮、高分子化合物的溶胶等为一体的复杂体系,相对比较稳定。

1. 主要表面活性剂

洗发水要求有高的泡沫性、低的脱脂力、低的头发残留量、容易形成较高体系黏度的胶团结构、成本控制等要求,从这里看,阴离子表面活性剂具备了上述优点,所以成为首选。常用的有十二烷基硫酸盐、十二烷基聚氧乙烯硫酸盐等。

2. 辅助表面活性剂

阴离子表面活性剂的清洁力太好,脱脂力过强,过度使用会损伤头发,婴儿香波更不可取,因此需配入辅助表面活性剂,它们在降低体系的刺激性、调整稠度、稳定体系、增泡稳泡方面有帮助。常用的有一些非离子表面活性剂和两性表面活性剂,如椰油基两性乙酸钠、椰油基单乙醇酰胺、各种甜菜碱等。

3. 阳离子表面活性剂

因为头发通常带负电,所以体系中的阳离子便有可能吸附到头发上,起到抗静电、改善梳理性等调理效果,并对洗发水的黏度和稳定性有帮助。问题:为什么阳离子能在阴离子体系中稳定存在呢?

(1)阳离子基团周围有其他基团的空间位阻,直接与阴离子表面活性剂反应的可能性较小。

（2）结构中拥有亲水基团。

（3）上述两个特点，使它们与头发蛋白分子之间有较强的电荷和氢键结合，在洗发时不易被洗去。

而更多情况下，体系中相对少量的阳离子通常与大量的阴离子表面活性剂形成复盐，而很好地溶解于水中。

4．油类/硅油类物质

作用：改善梳理性、顺滑感、光亮度等。注意：它们应不易被表面活性剂胶团增溶或乳化，而最好是以较粗的分散体形式悬浮于体系中，在体系中只是相对稳定，遇到新的界面（如毛发表面），就会很快吸附。

硅油：因为添加量大，所以会对体系有特别大的破坏作用；黏度越高，稳定性越好。

5．珠光剂

珠光剂在洗发水体系中的形成过程：

（1）温度高时以被增溶或乳化液状态存在。

（2）冷却下，微胶束收缩。不溶解的珠光剂从微胶束中释放至水-表面活性剂界面，在这里其结晶出来。

（3）薄薄的液晶层形成。

（4）它们呈扁平状或球状，反射光线，这便是珠光。

6．保湿剂

保湿剂有甘油、丙二醇等。

7．pH 调节剂

pH 调节剂为一些弱的有机酸/无机酸类，如柠檬酸、磷酸等，可组成缓冲体系。

8．黏度调节剂

洗发水为浓表面活性剂胶团溶液体系，电解质的加入可使胶团往大的方向发展，所以可用 NaCl 调节黏度。令胶团结构从棒状变到六方晶相，但若加入过量，则进入层状，黏度又会下降。还可用另外的高分子化合物，如羟乙基纤维素等。

9．营养/护理成分

营养护理成分有维生素、植物提取液、胶原蛋白、去屑止痒剂（如吡啶硫酮锌、活性甘宝素等）。

10．香精/防腐剂

11．螯合剂

为了抵抗硬水对泡沫和清洁力的影响，需要添加螯合剂，如最常用的 EDTA 钠盐，同时也有稳定色泽的作用。

12．头发调理剂

13．色素

第二节　认识洗发香波生产工艺(4课时)

一、学习目标

学习完本节内容你应该能够:

(1) 描述洗发香波常用原料的外观及性能用途。

(2) 按实验讲义能独立按制备流程制备出洗发香波。

(3) 初步熟悉洗发香波的制备流程。

二、学习流程

(一) 学习形式

本节内容以2人为一个小组进行实验,每小组制备200克洗发香波。

(二) 实验配方及制程

1. 配方组成

原料名称	质量分数/%	作用	成本/(元/kg) (2009年4月报价)	原料外观
AES-Na	15			
K12	4			
BS-12	4			
6501	3			
珠光浆	5			
水溶性羊毛脂	1			
甘油	4			
羟苯乙酯	0.6			
EDTA	0.1			
1785乳化硅油	1			
甘宝素	0.2			
柠檬酸	适量			
花香型香精	1			
色素	0.6			
NaCl	适量			
水	余量			

2. 制造过程

(1) 将水加热至100 ℃,持续30 min,作杀菌处理。

（2）降温至 70～80 ℃,搅拌下加入 AES-Na 和 K12 至全溶。

（3）70～80 ℃下加入羟苯乙酯分散溶解。

（注:羟苯乙酯可在 70～80 ℃的阴离子表面活性剂中溶解,降温后也不会析出。利用此方法可避免使用乙醇溶解羟苯乙酯时产品稠度下降的现象）

（4）70～80 ℃搅拌下加入 EDTA 至全溶。

（5）70～80 ℃下加入 BS-12、6501、水溶性羊毛脂并搅拌均匀至全溶。

（6）65 ℃下加入珠光浆,搅拌至全溶。然后慢慢地降温并放慢搅拌速度,待珠光片慢慢地析晶,得珠光效果。

（7）降温至 45 ℃时,依次加入 1785 乳化硅油、甘油、甘宝素及香精、色素等,并搅拌分散均匀。

（8）降温至 35 ℃时,用 NaCl 进行产品调稠,并取样检测 pH。当偏碱性时可用柠檬酸调至 pH＝6。

（9）包装,即得产品。

3. 操作改进

（1）因 AES-Na 在常温的水中也能溶解,故可先把 AES-Na 配成一定浓度的水溶液,从而缩短了不少操作时间和操作能耗。但需注意,水溶液的浓度不可高于 45％,否则溶液会在 18 ℃下表面结膜。一般可配成 30％～40％。

（2）为了降低能量损耗和节约生产成本,可把生产过程分为两部分。一部分原料需加热才能溶解;另一部分不需加热,可在常温下的水中溶解。这样,可节约约一半的能耗。

三、现象描述

请按照上述制程顺序,实事求是地描述出每一步骤的现象。

四、作业

请完成以下作业:

（1）写出配方中各原料的外观及作用（请直接填写到上述配方表格中）。

（2）通过制造过程画出生产工艺流程图。

（3）实验小结（如实验得失、注意事项、操作改进建议及提出疑问等）。

第三节　配方设计及生产（18 课时）

一、学习流程（分组进行）

（1）每 6 人为一个设计小组,选出组长。

（2）每小组设计 3 个配方（成本 4～7 元/千克）,递交指导老师查阅并提出修改建议。

（3）每小组修改并最终确定 3 个配方,画出生产流程图并制备 3 个样品（每个样品 200 克备料）。

二、学习目标

学习完本节内容你应该能够：

(1) 根据限定原料及产品成本设计配方。

(2) 根据自己所设计的配方画出生产工艺流程图。

(3) 合理协调及明确分工实验小组各成员的工作,提高实验效率(组长要求)。

三、实验室原料清单

原　　料		库存量/kg	价格/(元/kg)(2009年4月报价)
表面活性剂	AES-Na(脂肪醇聚氧乙烯醚硫酸钠)	50	
	AES-A(脂肪醇聚氧乙烯醚硫酸铵)	20	
	K12-Na(十二烷基硫酸钠)	8	
	K12-A(十二烷基硫酸铵)	20	
	BS-12(十二烷基甜菜碱)	10	
	CAB-30(椰子油酰胺丙基甜菜碱)	10	
	咪唑啉	10	
	6501	15	
珠光浆		2	
调理剂	C-14-S(阳离子瓜尔胶)	2	
	JR-400(阳离子纤维素)	2	
	二甲硅油	3	
	1785 乳化硅油	5	
	水溶性羊毛脂	4	
	十八醇	10	
花香香精	玫瑰香精	1	
	茉莉花香精	1	
	桂花香精	1	
	薰衣草香精	0.2	
	幻想型香精	1	
去屑剂	活性甘宝素	2	
防腐剂	尼泊金甲酯、羟苯乙酯	2	
	苯甲酸钠	2	
	卡松	2	
螯合剂	EDTA-2Na	2	

原　料		库存量 /kg	价格/(元/kg) （2009 年 4 月报价）
酸度调节剂	柠檬酸	1	
水溶性色素	柠檬黄(0.2%) 亮蓝(0.2%) 胭脂红(0.2%)	各 1 L	
保湿剂	甘油	20	
	PEG-400	5	
去离子水		足量	

四、洗涤类化妆品生产工艺流程图（仅供参考，应视具体配方作修改）

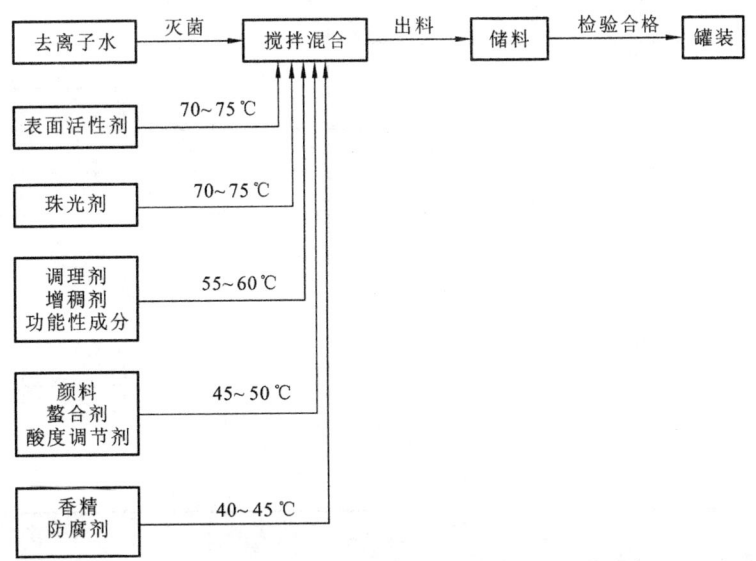

五、洗涤类化妆品生产工艺操作规范（仅供参考，应视具体配方作修改）

(1) 将去离子水加热到 100 ℃，保持温度灭菌 30 min，降温。

(2) 在 70～75 ℃时加入表面活性剂，保持温度并搅拌至完全溶解。

(3) 表面活性剂溶解后，加入珠光剂，保持温度并搅拌至完全溶解。

(4) 降温至 55～60 ℃时，加入调理剂、增稠剂、功能性成分，搅拌溶解。

(5) 降温至 45～50 ℃时，加入颜料、螯合剂、酸度调节剂，搅拌溶解。

(6) 降温至 40～45 ℃时，加入香精、防腐剂，搅拌溶解。

(7) 搅拌均匀后，出料。

(8) 储料，待检验合格后罐装。

六、配方设计过程

1. 打样

200 g 备料,每 6 人为一组,设计 3 个配方。

2. 打样过程记录

(1) 配方设计。

配方一			配方二			配方三		
组成	用量 /%	成本 /(元/kg)	组成	用量 /%	成本 /(元/kg)	组成	用量 /%	成本 /(元/kg)
总成本			总成本			总成本		

(2) 生产流程图及现象记录(按 200 g 产品备料)。

步骤	现象或数据记录
配方一:(流程图)	
配方二:(流程图)	
配方三:(流程图)	

第四节　样品检测及评价(6 课时)

一、学习流程

每大组拆分为 3 小组,即 2 人/小组,取该组的其中一个样品测量。

(1) 取样品检验 pH、黏度、发泡力、热稳定性。

(2) 小组成员试用并客观评价样品。

二、学习目标

学习完本节内容你应该能够:

(1) 正确使用各种仪器检测所打制样品的部分理化检验指标(pH、黏度、发泡力、热稳定性)。

(2) 使用自己做的样品,作出客观评价,并提出配方改进的建议。

三、轻工行业标准—洗发液(膏)(QB/T 1974—2004)

注意:以下只是其中的部分内容。

卫生指标

项目		要求
微生物指标	细菌总数/(CFU/g)	≤1000(儿童产品≤500)
	真菌和酵母菌总数/(CFU/g)	≤100
	粪大肠菌群	不得检出
	金黄色葡萄球菌	不得检出
	绿脓杆菌	不得检出
有毒物质限量	铅/(mg/kg)	≤40
	汞/(mg/kg)	≤1
	砷/(mg/kg)	≤10

感官、理化指标

项目		要求	
		洗发液	洗发膏
感观指标	外观	无异物	
	色泽	符合规定色泽	
	香气	符合规定香型	

续表

项目		要求	
		洗发液	洗发膏
理化指标	耐热	(40±1)℃保持24 h,恢复至室温后无分离现象	
	耐寒	−5~−10℃保持24 h,恢复至室温后无分离析水现象	
	pH	3.0~8.0(果酸类产品除外)	3.0~10.0
	泡沫(mm,40℃)	透明型≥100 非透明型≥50 (儿童产品≥40)	≥100
	有效物/%	成人产品≥10.0 儿童产品≥8.0	—
	活性物含量 (%,以100% K12计)	—	≥8.0

四、样品检测结果描述(要求每2人检测一个样品,共6课时)

检测内容		结果描述
感官指标检验	外观	
	色泽	
	香气	
理化指标检验	pH(3.0~8.0)	
	泡沫(mm,40℃)	
	耐热(40±1)℃保持24 h,恢复至室温后无分离现象	
	耐寒−5~−10℃保持24 h,恢复至室温后无分离析水现象	

五、产品使用效果评价(每一组选代表进行产品试用,自备梳子)

配方	泡沫	冲洗难易程度	头发柔顺度	干梳性能	湿梳性能	头发光亮度
一						
二						
三						
四						

第五节 完成学习任务总结(2 课时)

一、学习目标

(1)组长展示产品并描述产品的特点。

(2)以组为单位对本次工作任务完成情况(效果、收获、不足)进行总结。

(3)以自我评价与他人评价相结合的形式对自己在完成本学习内容中的工作进行总结。

二、个人评价调查表

"洗发香波生产教学"调查问卷

组别:_____　　　　　姓名:_____

感谢您参加本次教学,为了课程改革的顺利进行,请您如实填写以下内容。

通过本次教学,对以下知识的学习,你所达到的程度是(在对应分数后的空格中打√):

内　容	学习达到的程度		得分
生产洗发香波的基本原料名称	较好地掌握	4 分	
	基本掌握	2 分	
	有一般程度的了解	1 分	
	完全不清楚	0 分	
生产洗发香波的基本原料的性状	较好地掌握	4 分	
	基本掌握	2 分	
	有一般程度的了解	1 分	
	完全不清楚	0 分	
生产洗发香波的各种原料的作用	较好地掌握	4 分	
	基本掌握	2 分	
	有一般程度的了解	1 分	
	完全不清楚	0 分	
生产洗发香波的原料配比规律	较好地掌握	4 分	
	基本掌握	2 分	
	有一般程度的了解	1 分	
	完全不清楚	0 分	

内　容	学习达到的程度		得分
洗发香波的发展历史	较好地掌握	4 分	
	基本掌握	2 分	
	有一般程度的了解	1 分	
	完全不清楚	0 分	
洗发香波的生产原理	较好地掌握	4 分	
	基本掌握	2 分	
	有一般程度的了解	1 分	
	完全不清楚	0 分	
生产洗发香波的工艺流程	较好地掌握	4 分	
	基本掌握	2 分	
	有一般程度的了解	1 分	
	完全不清楚	0 分	
生产洗发香波投料的规律	较好地掌握	4 分	
	基本掌握	2 分	
	有一般程度的了解	1 分	
	完全不清楚	0 分	
生产洗发香波溶解原料的规律	较好地掌握	4 分	
	基本掌握	2 分	
	有一般程度的了解	1 分	
	完全不清楚	0 分	
洗发香波调稠技巧	较好地掌握	4 分	
	基本掌握	2 分	
	有一般程度的了解	1 分	
	完全不清楚	0 分	
洗发香波调色技巧	较好地掌握	4 分	
	基本掌握	2 分	
	有一般程度的了解	1 分	
	完全不清楚	0 分	

内　容	学习达到的程度		得分
洗发香波常测理化指标检验方法（pH、黏度、发泡力、热稳定性）	较好地掌握	6 分	
	基本掌握	4 分	
	有一般程度的了解	2 分	
	完全不清楚	0 分	
通过各种媒体查阅资料的能力	有较大的提高	3 分	
	有所提高	2 分	
	没有提高	0 分	
	其中提高最大的方法是：		
电脑使用水平（打字、编辑文字、收发邮件、语言表达能力）	有较大的提高	3 分	
	有所提高	2 分	
	没有提高	0 分	
自己的学习兴趣	有较大的提高	3 分	
	有所提高	2 分	
	没有提高	0 分	
组织管理、协调能力	有较大的提高	3 分	
	有所提高	2 分	
	没有提高	0 分	
	其中提高最大的方面是：		
通过本项目的学习，对化妆品生产规范的了解程度	有较多的了解	4 分	
	有一定程度的了解	2 分	
	完全不清楚	0 分	
自己对本项目学习中的态度	完全听从安排，且能提出自己的见解	5 分	
	教师或组长让做什么就做什么，自己不用动脑	3 分	
	想参与项目的学习，但不知如何能做好	2 分	
	觉得没意思，不想参与该项目	0 分	
在本项目学习中，自己有无生产效率意识和安全生产意识	有，且在很多情况下会注意	3 分	
	有，有时会注意	2 分	
	无	0 分	
	举例说明（可另附纸）：		
在本次项目学习中，自己有无产品质量和服务意识	有，且在很多情况下会注意	3 分	
	有，有时会注意	2 分	
	无	0 分	
	举例说明（可另附纸）：		

内　容	学习达到的程度		得分
在本次学习中,自己有无环保和节约意识	有,且在很多情况下会注意	3分	
	有,有时会注意	2分	
	无	0分	
	举例说明(可另附纸):		
与其他组员合作的能力	能很好地与他人合作	5分	
	与他人合作能力一般	3分	
	其他人不能与我合作	0分	
	自己就能做,不需要与他人合作	0分	
你自己制备的洗发香波与市售产品相比如何	跟市售产品差不多	3分	
	你的产品的优点有:		
	比市售产品差多了	1分	
	你的产品的缺点有:		
对自己所配制的洗发香波的满意程度	很满意	4分	
	满意	2分	
	一点都不好	0分	
	改进建议(可另附纸):		
你敢试用自己做的产品吗	敢	4分	
	不敢	2分	
	请说出你的理由:		
通过本项目的学习,你能基本了解洗洁精、洗手液、沐浴露等产品的制造方法吗	基本了解	4分	
	有所了解	2分	
	不了解	0分	
	没有了解	1分	
合计得分:			

通过对洗发香波生产的学习,您的收获是:

通过洗发香波生产的学习,您最大的收获是:

在洗发香波生产的学习过程中,您对自己不满意的地方是:

您对本组其他成员的意见:

作为组长,您的感受是:

您对教师在教学中的工作建议是:

5.9.2　洗发香波的生产案例分析

1. 教学方法的选择

洗发香波的生产是一项典型的综合性工作任务,包括以下内容:洗发香波的配方原理、洗发香波的配方设计、配方中各组分的作用、洗发香波的生产方法、搅拌设备及检验设备的使用、洗发香波生产中的质量控制、化妆品生产中的卫生、环境保护、安全等内容。考虑到学生在此之前已经对生产设备的使用、常用表面活性剂的性质有了较深的认识。为了让学生培养出较强的综合职业能力,故采用行动导向教学法——引导文教学法进行教学,有助于培养学生独立学习、计划、实施和检查的能力。使他们在学到工作方法的同时,能用之独立解决培训中(今后的职业生涯中)遇到的问题。

2. 教学过程分析

1) 理解学习任务和获取信息

先做好学习准备,把全班分为几个大组,每大组 8 人,分属于 4 个小组。通过学生们的自发分组,提高学生的沟通能力、协调能力、团体合作能力和责任心。教师发放引导文,提出工作任务,同时播放洗发香波生产的录像,让学生了解常用原料的外观、性能、用途和溶解规律,对洗发香波的生产流程产生感性认识,了解生产过程中的注意事项,让学生明确学习任务及目标,为以后自行生产洗发香波打下基础。

学生按引导文的要求分工收集资料,并对收集回来的资料进行筛选、归纳和整理,进一步解决引导文中的问题。培养了学生的小组协作能力、责任心,提高了学生的自学能力、表达能力和归纳能力。通过教师讲解实验原理、任务意义等,让学生熟悉测定步骤、所用仪器试剂及操作方法、

2) 设计生产方案及确定生产方案

教师讲解化工厂设计产品配方的依据和方法,以及产品配方筛选的原则及流程。组长组织组员进行学习,并讨论设计配方及生产流程图。要求每大组设计 3 个配方,经教师确定合适后进行小试,根据小试的结果,每大组确定一个最终方案,此过程要求每组派一代表在班内讲解。在确定方案前进行小试可提高方案的可靠性,同时节约成本,让每个小组均有机会进行,提高了学生的兴趣。让学生总结方案的确定过程可培养学生的口头表达能力及自信心。

3) 按既定方案生产洗发香波

小组协作按既定生产方案完成生产任务,并做好相关生产记录。为减少生产中的意

外现象,在生产前,要先让学生复述生产注意事项,一定要确保每位学生十分明白自己要做什么及如何做。同时让每个生产小组独立完成生产任务,教师从旁检查并防止突发事故的发生。通过实施方案,检验了工作方案是否方便可行。教师在此阶段要监控学生工作过程,随时解决工作中出现的疑难问题,及时纠正学生的不规范操作,并对学生的各个方面(学习态度、操作水平及各关键能力)进行评价。

4)产品的检测及质量控制

在生产过程中,为减少次品的出现,要做好产品质量控制。在教师的指导下,让学生通过检测半成品,对不达标的项目进行产品调整。培养学生发现问题、分析问题和解决问题的能力。

5)产品质量反馈

不同生产小组各派两组员试用同批次生产小组的产品,并按照引导文中的产品评价表进行评比。利用互评产品的方法,使各小组得到更客观的评价,聆听或采纳其他组提出的建议,并与同学们一起分享成功的喜悦。

6)完成学习任务情况总结

在教师的指导下,各小组对自己完成学习任务的情况进行评价及反思,采用自评和他评相结合的形式。先由小组讨论并对本次"洗发香波生产"学习任务进行总结,再由组长代表全组在全班面前进行学习体会总结。最后由教师总结全班的学习情况,并再次强调本学习任务的重点及难点。

3. 案例特点

在洗发香波的生产项目中,采用引导文进行行动导向的教学。借助提出核心问题、制订工作计划和进行自我检验等步骤,促使学生不断树立正确的学习动机,激发学习热情,提高学习的自觉性,达到自主学习的境界。学生通过小组工作和探究式学习,促进协调合作能力的发展。通过这种方式的学习,不但教会了学生学习的方法及解决问题的能力,且培养了学生的综合职业能力,这一点是最重要的。

第6章 模拟教学法在化工类专业的应用

6.1 引 言

职业教育需要培养学生的职业岗位工作能力,这种能力最好的培养环境是真实的职业场所,但实现起来存在如下困难:

(1) 真实的生产设备价格高。例如,如一套生产设备,一般都在几十万元以上,普遍采用给学生做职业培训成本过高,职业学校一般无法承担。

(2) 学生在不熟悉设备的情况下存在人身安全隐患。

(3) 学生在不熟悉设备的情况下存在设备安全隐患。

(4) 真实的生产设备是为生产而设计的,不一定适合教学。可能用在教学上不方便,造成学习周期长。

(5) 真实的职场(企业)从生产的效率考虑,不愿接受完全无操作经验的学生实习。

由于以上原因,职业学校想让学生直接进入真实环境实训,不仅成本高昂,实现起来也很困难。因此,若能用较低成本模拟生产设备和职场环境,使学生先在职业学校受到职业所需能力的初步训练,掌握生产设备操作的初步技能和职业工作基本要求,再进入职场实训职业教育的效果将更好。由此产生了模拟教学法——让学生在模拟的职业环境中和生产设备上学习、训练的教学方法。

6.2 模拟教学法的分类与特点

模拟教学法分为模拟设备教学与模拟情境教学两大类。

6.2.1 模拟设备教学

模拟设备教学主要是以模拟设备(如间歇反应釜单元、精馏塔单元、液位控制系统、换热器单元等)代替真实设备来达到教学目的。

模拟设备教学的特点如下:

(1) 模拟设备的价格比真实设备低,节省教学成本。

(2) 不怕学生因操作失误而产生的不良后果,保证学生的人身安全和设备的安全。

(3) 便于组织教学,学生一旦失误可重新操作;既可以进行单项技能训练,也可以进行综合技能训练。

（4）模拟设备专为教学而设计，往往具有显示、观察、提示、警示等设置，便于学生学习技能、掌握设备操作，而且还可以让学生在模拟训练中通过自身反馈感悟正确的要领并及时改正，缩短教学周期。

（5）模拟设备与真实的生产设备仍有一定差异，学生最后还是要利用真实设备完成职业实训。

6.2.2　模拟情境教学

模拟情境教学的定义有广义和狭义两种。

广义的模拟情境教学是"游戏说"，由美国密执安大学学习和教学研究中心的罗博特·B·利兹马等较早提出，模拟法是一种"模拟游戏"，要求游戏者设想各种角色，在某个假定的情境中活动，并依其角色的情境和问题做出决定。最大优点是用模拟游戏教给学生高级技能，并影响学生的态度和价值观。

狭义的模拟情境教学是"仿真说"，模拟趋向于直观性、仿真性、拟岗性、客观操作性，模拟大多安排在高仿真的现代化企业或公司。要求学生身着职业装，身临其境地扮演职业角色，在情景模拟、案例操作过程中完成一系列工作流程，培养职业所需要的综合素质与能力。

模拟情境教学可以让学生在一个现实的社会环境氛围中对自己未来的职业岗位有一个比较具体的、综合性的全面理解，特别是一些属于行业特有的规范，可以得到深化和强化，有利于学生职业素质的全面提高。

因此，在职业教育领域，模拟情境教学常取"狭义说"。但"狭义说"主要是应用在实训环节，不便于在课堂教学上应用。在课堂教学上应用还需采取"广义说"。

化工类专业的任务教学法、项目教学法、引导文教学法也可以采取模拟情境教学的形式，车间生产过程的管理实训也可采用模拟情境教学。一般来说，职业学校化工类专业高年级学生要在企业进行顶岗实习，这是在真实情境下的学习，效果比模拟条件下更好，即使是其他教学环节，如任务实训、项目实训，有条件的，也尽可能到企业进行。鉴于这种情况，此处主要介绍化学工艺专业的模拟设备教学。

6.3　化学工艺专业计算机仿真教学

计算机仿真教学是以仿真机为工具，用实时运行的动态数学模型代替真实工厂的实际操作来进行教学的技术。它是一种与计算机技术密切相关的综合性很强的教学方法，是一项面向实际应用的技术。随着计算机及网络技术、多媒体技术等的发展，仿真技术也正在高速发展，相信在不久的将来，仿真技术的应用在社会的许多方面将起到积极作用，推动社会的发展。

6.3.1　计算机仿真教学的优点

与传统的理论或实训教学相比,计算机仿真教学给学生提供了更多的操作机会和发挥空间,其主要优点如下:

(1) 为学生提供了充分动手的机会。可在仿真机上反复进行开车、停车训练,这在真实工厂中是难以实现的。

(2) 高质量的仿真器具有较强的交互功能,使学生在仿真学习过程中能够发挥主动性,学习效果突出。

(3) 仿真软件提供快门设定、工况冻结、时标设定、成绩评定、趋势记录、报警记录、参数设定等特殊功能,便于教师实施各种新的教学与培训方法。这些在真实工厂是无法实现的。

(4) 可以设定各种事故和极限运行状态,提高学生的分析能力和在复杂情况下的决策能力。这些在真实工厂的生产操作中是很难遇到的。

(5) 在仿真机上,学生是学习的主体。学生可以根据自己的具体情况有选择地学习,如自行设计,试验不同的开、停车方案,试验复杂控制方案,优化操作等。真实工厂考虑到生产安全及正常生产计划,决不允许这样做。

(6) 仿真机软件具有自动评价功能,对学生掌握知识的水平随时进行测评。而在平时的教学中,一位教师无法同时跟踪众多学生进行测评。

(7) 安全性。一是学生在仿真面上进行事故训练不会发生人身危险。二是不会造成设备破坏和环境污染等经济损失。

(8) 节省开支。采用仿真教学解决实习教学的问题,可以节省设备运行费、物料能量损耗费、到工厂实习的经费支出等。

6.3.2　计算机仿真教学的局限性

(1) 缺乏现场感。由于高档图形工作站价格昂贵,当前的仿真教学系统还难以实现化工过程的三维动态示警功能,无法产生真实的临境感受。

(2) 由于目前的仿真技术还不够成熟,因此模型精度不高。

(3) 无法实现对不同设备的拆装技能和力度的训练。这些功能将来可能通过虚拟现实技术来实现。

6.3.3　计算机仿真教学在化学工艺专业的作用

随着化工生产控制技术的不断发展,许多化工企业采用 DCS 生产控制系统,而采用模拟仿真系统进行教学,是教学紧跟生产实际的突出表现,使学生步入工作之前就进行了必要的与现场控制最相近的操作锻炼,获得了实践技能,符合并满足未来生产的要求。故计算机仿真教学在化学工艺专业中的教学正在发挥越来越大的作用,主要体现在以下几个方面：

（1）为学好理论课打基础，培养学生的实际动手能力，积累操作经验。

例如，在化工原理课程的教学中，通过单元仿真实训，使学生对离心泵、换热器、精馏塔等的结构、工作原理、使用方法等都有了深刻的了解和认识，掌握了各种阀门及调节器的使用方法，认识了各种显示仪表，通过在电脑屏幕上的演示，学生把课堂所学的理论知识得到较好的应用，为理论课的学习打下良好的基础。

学生在系统学习专业理论知识后，先在仿真系统上进行模拟操作。由于仿真系统的构建是按照实际工程而设计的，因此在该系统上的操作十分接近实际情况，学生通过该系统的训练，能够将书本上学到的理论知识与实际系统运行状况联系起来，模拟操作各系统运行检故排障。另外，学生使用仿真系统不必担心损害系统，可以通过反复操作达到掌握专业技能的目的。

在仿真系统上模拟实训后，学生基本已建立了系统运行操作概念，取得了一定经验。在此基础上，学生再接触真实系统就会感到十分熟悉，对各系统、各个组成设备在运行时应表现出的状况十分清楚，当系统某个部位出现问题时，学生很容易发现，并有目的地分析排除，也增加了对工厂的感性认识。所以，从培养学生的实际动手能力，积累操作经验来看，应用仿真软件教学是一种行之有效的方法。

（2）提高教学的时效性，弥补现场实习的不足。

在教学实践中，通过开展现场教学，让学生到化工厂见习，在一定程度上可以增加学生对工厂的感性认识，提高分析解决问题的能力，但也出现一些问题。

① 由于生产一线往往设备、管路错综复杂，学生要在现场了解工艺过程、管路连接走向很困难，只能认识正常生产过程状态，对非正常生产实际了解很少，只停留在书面。而仿真系统以其直观的形式，使学生全面了解生产，提高了教学的时效性。

② 化工生产的特点是原料、介质、产品等均易燃、易爆，有毒、有腐蚀性，一线生产过程复杂化和连续性程度高，随时随处都有安全隐患存在。学生虽然对化工生产的特点有一定的了解，但对具体的生产过程存在的安全问题了解不多，进入现场学习实践就不可避免地面临安全问题，可能造成学生畏首畏尾，实训效果降低。仿真系统为师生提供了一个安全的学习和实训平台，使师生完全没有心理负担，在较为轻松的环境中完成教学任务，获得知识和技能。

③ 实际生产装置一旦遇到事故或装置大修，为保障安全，不允许学生进入现场。而仿真软件克服这一弱点，建立了逼真的模拟环境，在教学中可以通过教师站对学员站的操作设置事故，学生根据已有知识进行独立判断，并采取必要的措施进行解决，弥补了现场实习只能看不能动的不足。

（3）给予学生个性发展空间，充分发挥学生的主观能动性。

学生通过利用仿真软件进行学习，尝试着以化工厂技术工人的身份参与完成单元设备或过程的冷态开车、停车及事故处理，体验各种阀门的使用方法，认识各种显示仪表，学会使用调节器并感知其重要性，培养了学生分析问题和解决问题的能力。由于没有安全问题的顾虑，可允许学生对仪表、阀门等进行仿真随意性调节。通过指导教师在实训现场循循善诱，让学生完全进入角色，直接接触感性知识来强化形象思维，使学生把不合理的

随意调节转化为从中总结经验的手段,从而给予了学生个性发展的空间,充分发挥了学生的主观能动性,从感性到理性、从直观到思维,提高了学生分析问题和解决问题的能力,激发学生的创新意识。

(4) 便于教师"因材施教",提高教学效果。

学生到工厂进行生产实习时,实习指导教师很难对每名学生的学习情况作详细的了解和掌握,指导时自然不够具体,也没有针对性。而仿真系统通过教师主控制台可以很清楚详细地了解每名学生的当前操作情况,利于掌握学生的个体差异,针对学生素质参差不齐的现状,因材施教,有针对性地进行指导,提高指导效果。同时,由于实训系统可以由电脑直接进行成绩评定,不会受到教师的主观色彩的干扰,因而更能体现教学的公平性。

6.4　化工模拟仿真软件

目前,国内有较多单位开发化工模拟仿真教学软件,其中最有名的是北京东方仿真软件技术有限公司(以下简称东方仿真),此外,也有一些企业或高校开发化工仿真操作软件。

6.4.1　东方仿真化工仿真软件介绍

仿真软件除了包括化工生产中的各种主要单元操作,如离心泵、换热器、压缩机、精馏塔、反应釜等外;还包括化工生产过程,如常减压炼油系统装置、均苯四甲酸二酐生产装置、乙醛氧化制乙酸生产装置等。这些 DCS 仿真实训软件不仅可以满足化工类不同专业学生进行认识实习、生产实习、毕业实习等实训环节的要求,还可以配合有机化工生产技术、化工原理、精细化工生产技术等不同课程的教学需要。学生在仿真教学过程中,不但可以按给定的操作步骤完成单元设备或过程的冷态开车、停车及事故处理,还允许自行设计开停工方案及改变操作条件,记录不同方案得到的结果,体会操作条件、程序改变对生产的影响,使学生加深对实践知识的理解。仿真系统由一个教师站和多个学员站组成,有多个典型的化工单元和系统装置的仿真模拟软件。具有管理功能的教师站可以向学员站发出面向全部或个别的操作指令,并能显示相应学生的操作结果及最终成绩,学生通过人机对话,达到熟练完成单元和系统装置的冷态开车、停车和事故处理等操作。而教师通过教师主控制台可以很清楚详细地了解每名学生的当前操作情况。

以下主要介绍两类仿真软件:

1) 化工单元实习仿真软件 CSTS

(1) 流程简述。任何化工生产过程(装置)都是基于各类化工基本过程单元,根据不同的生产工艺要求有机组合而成的。因此,典型化工单元过程的特点和规律,对于化工及与化工相关专业的学生来说是学习的重点、难点。东方仿真结合给中国石油天然气集团公司、中国石油化工集团公司等大型石化企业定制开发大型生产过程培训系统的经验,从中精心选出一批典型单元,陆续开发完成化工基本单元实习仿真系统(STS),共完成 15 个单元。

（2）种类介绍。

反应器：固定床反应器单元、流化床反应器单元、间歇反应釜单元。

动力设备：压缩机单元、CO_2 压缩机单元、离心泵单元、真空系统单元。

传热设备：锅炉单元、换热器单元、管式加热炉单元。

复杂控制：液位控制系统单元。

塔设备：精馏塔单元、吸收解吸单元、催化剂萃取控制单元。

罐区：罐区仿真单元。

（3）培训项目。冷态开车、正常运行、正常停车、吸收塔超压、停电。

2）乙醛氧化制乙酸工艺仿真软件

（1）流程简述。乙醛氧化制乙酸装置是乙醛装置的配套工程，起始原料为乙烯，乙烯氧化生成乙醛，再由乙醛为原料氧化生成乙酸。本软件是参照大庆三十万吨乙烯一期工程——大庆乙酸装置设计的，年生产能力为成品乙酸 10 万吨/年。

（2）培训工段。氧化工段（双塔串联氧化流程）、精制工段。

（3）培训项目。冷态开车、正常运行、正常停车、T102 顶压力升高、T101 氮气进量波动。

6.4.2　东方仿真软件的功能

切换培训项目：可以随意切换同一软件中的不同单元。

切换工艺内容：可以随意切换同一单元中的不同工况。

进度存盘/重演：在硬盘上将当前状态进行存档和读出。

系统冻结/系统解冻：暂时停止计算机模拟计算，但不会丢失数据。

趋势画面：可以查看由不同操作引起的相应工艺参数变化。

报警画面：时时显示超出正常工艺范围的变量及参数。

智能评分：提供即时操作指导信息，对学员操作进行同步监测与评判，并给出相应成绩。

DCS 风格：提供 Honeywell、Yokogawa 等企业的 DCS 风格，并提供通用 DCS 风格，以便对使用不同 DCS 的员工进行培训。

6.4.3　东方仿真软件的技术特点

单机练习：提供用户单机的培训模式。

局域网模式：提供用户联网操作，培训教师可以查看，管理学员（需配套教师站）。

联合操作：提供一个学习小组操作一个软件的模式，提高学员的团队意识和团队协调能力（需配套教师站）。

教师站：提供练习、培训、考核等模式，并具有组卷（理论加仿真）、设置随机事故扰动、自动收取成绩等功能。

6.4.4　在线培训系统

北京东方仿真软件技术有限公司利用其多年来为工业企业用户以及各大高校用户开发各类仿真培训软件的经验,还开发了东方仿真操作技能在线培训系统(simulation.NET),简称 SIMNET。这是面向企业或高校对自身培训资源网络化(internet)的一套解决方案。

SIMNET 支持企业用户和学校用户通过互联网或内部网络开展网络教学、在线培训、在线考核等活动,提高培训管理效率、缩短培训实施周期、降低培训成本,同时通过网络,可扩大培训的覆盖面,为企业员工和学校学员创造一个提升技能、提升自我的学习环境。同时也可为个人用户提供在线学习和模拟测试平台,从而提高个人学习兴趣,提升仿真操作水平。

SIMNET 具有以下优点:

首先,在线学习能在任何时间、任何地点为任何人提供培训。其不受地点条件、时间条件的约束,为受训者带来了极大的方便。

其次,在线学习的成本比传统教室培训要低很多。除了外聘专家或培训公司的培训费外,传统的培训费用还包括差旅费、误工费和协调组织人员的工资和费用。尤其是在多人次的培训组织管理方面,组织协调费用是相当可观的。在线学习电子培训的开发费用要比传统培训费用高,但因其每一轮新培训所要增加的费用是很低的,尤其对大量员工的培训,其平均组织成本是非常低的。

此外,在线学习的内容还具备更新快、一致性好的特点。一般来说,企业的培训内容是企业和培训公司联合制作的,包括高校的实验培训,针对性都比较强,并能定期对其进行更新,以跟上日新月异的时代变化(其更新一般会比传统纸介质教材快得多)。

总体上说,网络培训的发展方向是将单纯的应知内容课程和交互性更强的仿真操作培训模式相整合,共同作为企业培训解决方案的一部分。利用网络应知培训课程的组织灵活性和低成本,利用仿真软件模拟真实操作及其不易发生事故的优点来培训员工,是目前大型工业企业中培训工作的主流发展方向。与之配套是建立员工培训信息数据库,以方便对培训信息和培训效果的跟踪,方便对员工进行客观化评定工作。

东方仿真在线技能培训系统平台(SIMNET 系统),适合于企业内部组织员工通过 Internet 开展网上学习、培训、交流和资料查询等活动,同时也可以满足各大高校中的学生在实验和考试前通过网络开展学习。管理人员可以组织各种在线考试、技能比武、成绩统计等。其实质是将仿真培训手段现代化,将培训管理信息化。适用于企业用户、学校用户和个人用户对于在线仿真和培训的需要,如图 6-1 所示。

SIMNET 支持企业用户和学校用户通过互联网或内部网络开展网络教学、在线培训、在线考核等活动,提高培训管理效率、缩短培训实施周期、降低培训成本,同时通过网络,可扩大培训的覆盖面,为企业员工和学校学员创造一个提升技能、提升自我的学习环境。同时也可为个人用户提供在线学习和模拟测试平台,提高个人学习兴趣,提升仿真操作水平。

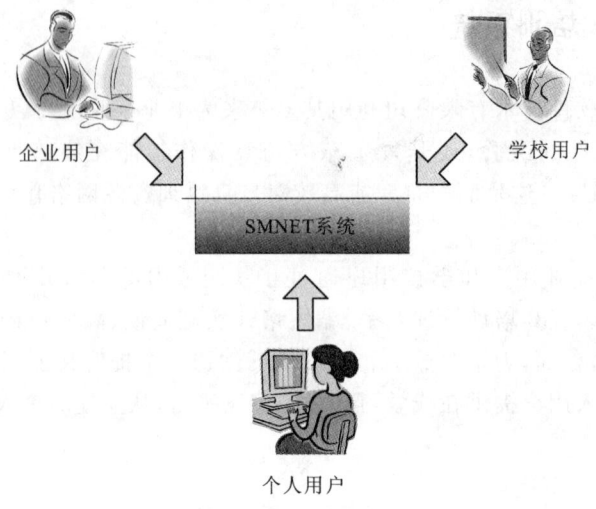

图 6-1　SIMNET 系统示意图

6.4.5　计算机仿真教学中应注意的问题

1. 仿真操作与现场操作的区别

化工仿真操作只是学生间接接触实际的一种有效手段,但始终属于辅助培训。其操作的模拟性和程序化与现场操作灵活性、不可预见性还有一定的距离。以仿真实训乙醛氧化制乙酸为例,开车操作中一开始即向氧化塔中注酸进行酸洗,而工厂实际开车前却要求机电、仪表、计算机、化验分析需具备开工条件,值班人员在岗;需检查是否已备有足够的开工用原料和催化剂;需 N_2 吹扫、置换气密等。在仿真实训中,指导教师如果没有对学生进行指导说明,学生进入工厂实习或工作后会感到不适应,也会对仿真实训感到失望和茫然。现实生产过程中存在大量的不可预见性的问题,需要操作人员凭借丰富的经验和技术迅速反应并及时果断处理。所以不能将仿真理想化,过高地估计仿真教学的效果,脱离现场实际,否则学生的实训效果将会大打折扣。化工仿真只是实际生产装置的简单化处理,操作参数控制往往比较随意化,带有游戏色彩,选择的数据即便偏差很大,也可以通过重新再做弥补前一次的过失。而在实际生产中参数控制是严格准确的,容不得半点的随意性,如果在实际生产中控制参数随意高低变化,生产将无法进行。另外,化工仿真教学操作过程中学生在电脑面前处于轻松的心理状态,很难体会现场实际操作的紧张及压力,对学生真正参加工厂实际操作、处理实际问题所应具备的心理素质的锻炼不够。

2. 仿真成绩与实际技能的区别

化工仿真实训不能单纯作为考试手段,认为考试过关,就具备生产实际技能了。在考

试过程中,很多学生的操作不稳定,教师主控台的成绩显示迅速下降,这时学生如果交卷,也能得到较理想的成绩。但在实际生产中,操作人员是生产的关键,即使经验丰富的操作人员在日常生产管理中也必须通过观察、分析,及时了解生产信息,判断系统运行状况,做到心中有数。而仿真实训的学生则是通过数次的实训练习,程序化地掌握了操作步骤及应选取的操作参数值,实际上部分学生不具备真实的操作能力。

3. 以学生为主体与以教师为主导相结合

在仿真教学过程中,教师应对教学全程做到心中有数,预测教学中学生可能会出现的问题,防止放任自流,确立教师的主导地位。做好事前、事中与事后的督导工作,尽量多让学生独立操作、独立思考,真正做到学生主体地位与教师主导地位的有机结合。实施灵活多样的现场教学,充分利用学生的好奇心,拓宽知识面。对于学生操作中出现的问题,教师可不急于讲解,只做一些提示,让学生去独立思考问题、解决问题,以训练学生的辨别能力及解决问题的能力。在此基础上,教师再对普遍存在的差错集中讲解,对于重大差错进行专题辨析。使学生在仿真教学中养成重观察、勤思考、勤动手的好习惯,使学生积极主动学习与教师言传身教在实训中得到充分体现。

总之,通过计算机仿真教学,不仅为学生理论课的学习打下了良好的基础,而且锻炼了他们动手动脑的能力,为今后的学习和走向工作岗位奠定了坚实的基础。仿真教学作为一种先进而有效的教学手段,也存在一些不足,为此要客观地看待仿真教学,取长补短,以取得较好的教学效果。

6.5　模拟设备教学在化工类专业的应用案例

模拟设备教学仍可以采用前述的任务教学法、项目教学法或引导文教学法,只是在实施前应先学习并熟悉仿真软件。教学步骤与前述的相同,不再赘述。

6.5.1　"间歇法制硫化促进剂 DM"教学设计

"间歇法制硫化促进剂 DM"教学设计

(广州市信息工程职业学校　李冬梅提供)

课程内容	间歇法制硫化促进剂 DM	学时	10
课程名称	化工单元操作过程	教学对象	精细化工专业二年级

一、教学对象分析

（1）教学对象是精细化工专业二年级学生，学生在一年级已经学习了无机化学、有机化学，对基本元素、化合物的性质有了较深入的认识；并在一年级下学期已经开始学习化工单元操作过程，对流体输送设备及管道附件的结构、原理、操作等都有了深刻的印象；同时已经接触过仿真操作下使用常用单元操作设备。

（2）本班学生学习态度尚可，但不善于主动学习，需要教师的密切指导。

二、教学内容分析

（1）仿真模拟教学法是化工类专业常用的教学方法。

（2）间歇反应釜是化工生产中的常用反应设备，它的操作是精细化工专业学生必会的内容。

（3）间歇反应在助剂、制药、染料等精细化工行业的生产过程中很常见。本次课的内容是用仿真教学法——间歇反应制橡胶制品硫化促进剂 DM（2,2-二硫化苯并噻唑）。

三、教学目标

（1）会用仿真软件进行反应釜的操作。

（2）会用仿真软件操作泵及各种阀门进行进料、放空的操作。

（3）会控制合适的温度、压力、液位等工艺条件进行 DM 的生产。

（4）清晰每一个操作步骤及其可能对产品质量带来的影响。

（5）会适当处理超温、超压、搅拌器停转、冷却水阀或出料管堵塞、测温电阻连线故障等紧急事故。

（6）能根据评分系统的评价有针对性地改进操作，提高操作能力。

四、教学重点

（1）用仿真软件进行反应釜的操作。

（2）用仿真软件操作泵及各种阀门进行进料、放空的操作。

（3）控制合适的温度、压力、液位等工艺条件进行 DM 的生产。

五、教学难点

（1）超温、超压、搅拌器停转、冷却水阀或出料管堵塞、测温电阻连线故障等紧急事故的处理。

（2）根据评分系统的评价有针对性地改进操作，提高操作能力。

（3）每一个操作步骤及其可能对产品质量带来的影响。

六、教学策略与手段

采用仿真模拟教学法、项目教学法。

七、教学媒体

仿真实验室、多媒体教室、相关图书、互联网、仿真软件。

八、教学过程

教学环节	教师活动	学生活动	设计意图
认识学习任务 （1 学时）	用仿真软件演示间歇法生产橡胶制品硫化促进剂 DM 的过程，并简要讲解操作规程；展示本次课的教学目标，提出相关的问题；指导学生进行分组	观察间歇法生产橡胶制品硫化促进剂 DM 的仿真过程，初步了解学习任务，思考教师提出的相关问题；在教师的协助下分成若干个学习小组	初步、全面地了解学习任务，明确学习目标
收集资料，解决疑难 （2 学时）	教师在此过程中为学生提供查找信息的手段，指导学生选择有用信息；随时解决学生的问题，根据学生任务完成情况，及时提出要求；讲解反应原理	每组学生进行工作分工，通过各种手段收集并整理资料，解决以下疑难问题： （1）原料、产品的性质特点。 （2）生产原理、主副反应式。 （3）提高反应速率及收率的工艺条件。 （4）各种阀门、泵、反应釜的结构特点及操作要点	分组学习可提高学生的协作能力，收集整理资料也是基本的能力要求
认识操作规程 （2 学时）	教师展示操作规程要点，并指导学生对操作规程进行分析，适当讲解	在教师的指导下分析操作规程；明确每一步的操作及其作用；初步尝试进行单项操作	进一步清晰操作规程，为制订计划打基础
制订工作方案 （2 学时）	协助学生制订工作方案，解决方案中存在的问题	写出详细的操作步骤，包括操作注意事项，紧急事故的处理方法等，并在组内或组间互相检查方案	培养学生的语言文字表达能力，综合考虑问题的能力
上机实操 （1 学时）	指导学生上机操作，巡视学生操作情况，并记录共性或个性的问题	根据制订的工作方案上机操作，用仿真软件进行 DM 的生产；对操作过程中的问题及时记录	检验方案的可靠性
反馈评价提高 （2 学时）	找出有代表性的系统评价进行讲解，与学生共同探讨存在的问题	根据系统的评价情况反思操作中的问题，并修改方案，进一步提高操作能力	反思、提高

九、教学流程图

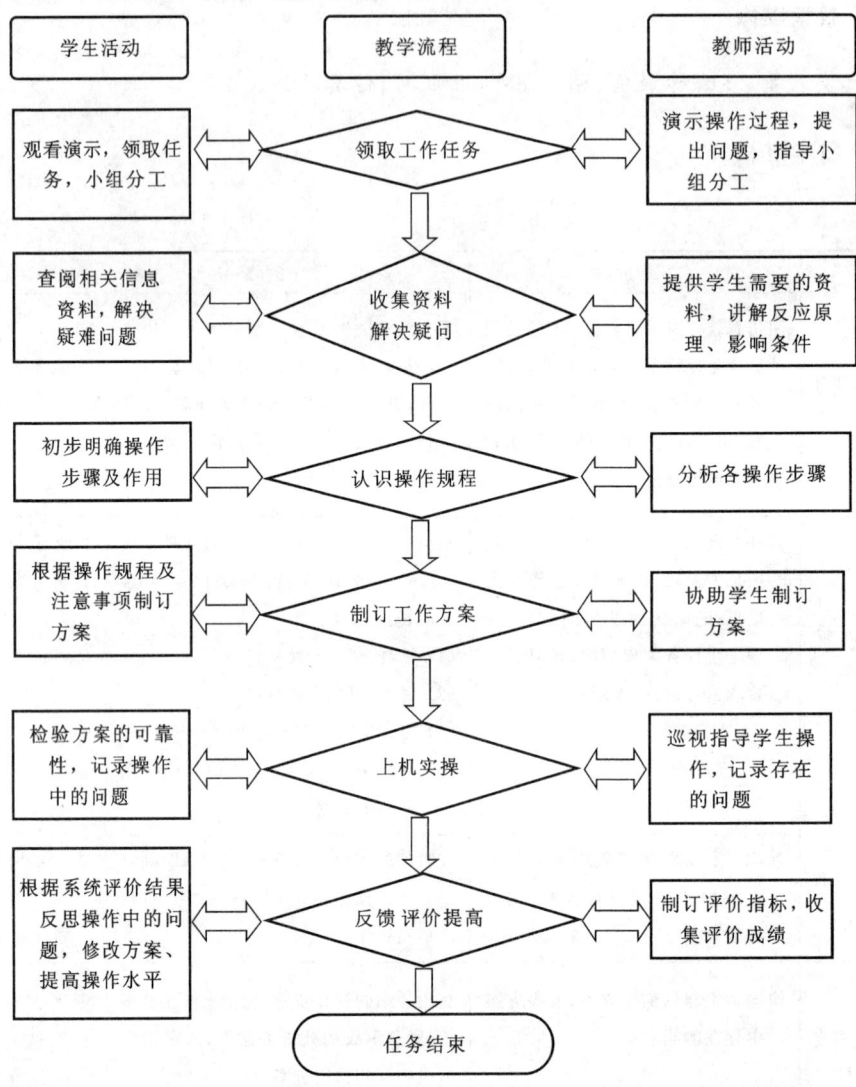

附

学习材料——工艺流程简述

1. 工艺说明

间歇反应在助剂、制药、染料等行业的生产过程中很常见。本工艺过程的产品(2-巯基苯并噻唑)就是橡胶制品硫化促进剂 DM(2,2-二硫代苯并噻唑)的中间产品,它本身也是硫化促进剂,但活性不如 DM。

全流程的缩合反应包括备料工序和缩合工序。考虑到突出重点,将备料工序略去。缩合工序共有三种原料,分别为多硫化钠(Na_2S_n)、邻硝基氯苯($C_6H_4ClNO_2$)及二硫化碳(CS_2)。

主反应如下:

$$2C_6H_4NClO_2 + Na_2S_n \longrightarrow C_{12}H_8N_2S_2O_4 + 2NaCl + (n-2)S \downarrow$$

$$C_{12}H_8N_2S_2O_4 + 2CS_2 + 2H_2O + 3Na_2S_n \longrightarrow 2C_7H_4NS_2Na + 2H_2S \uparrow + 2Na_2S_2O_3$$
$$+ (3n-4)S \downarrow$$

副反应如下:

$$C_6H_4NClO_2 + Na_2S_n + H_2O \longrightarrow C_6H_6NCl + Na_2S_2O_3 + (n-2)S \downarrow$$

工艺流程如下:

将来自备料工序的 CS_2、$C_6H_4ClNO_2$、Na_2S_n 分别注入计量罐及沉淀罐中,经计量沉淀后利用位差及离心泵压入反应釜中,釜温由夹套中的蒸气、冷却水及蛇管中的冷却水控制,设有分程控制 TIC101(只控制冷却水),通过控制反应釜温来控制反应速率及副反应速率,以获得较高的收率及确保反应过程安全。

在本工艺流程中,主反应的活化能要比副反应的活化能高,因此升温后更利于反应收率的提高。在 90 ℃时,主反应和副反应的速率比较接近,因此,要尽量延长反应温度在 90 ℃以上时的时间,以获得更多的主反应产物。

(1) 写出多硫化钠(Na_2S_n)的物理及化学性质、用途、在本反应中的作用。

(2) 写出邻硝基氯苯($C_6H_4ClNO_2$)的物理及化学性质、用途、在本反应中的作用。

(3) 写出二硫化碳(CS_2)的物理及化学性质、用途、在本反应中的作用。

(4) 写出影响本反应速率及主反应选择性高低的因素,并分析如何控制工艺条件以提高产品收率。

2. 设备一览

R01:间歇反应釜

VX01:CS_2 计量罐

VX02:邻硝基氯苯计量罐

VX03:Na_2S_n 沉淀罐

PUMP1:离心泵

(1) 回顾或查找离心泵的结构及操作特点,巩固其工作原理。

(2) 回顾或查找常用阀门的结构特点及操作。

学习材料——间歇反应釜单元操作规程

1. 开车操作规程

本操作规程仅供参考,详细操作以评分系统为准。

装置开工状态为各计量罐、反应釜、沉淀罐处于常温、常压状态,各种物料均已备好,除蒸气联锁阀之外的阀门、机泵处于关停状态。

1)备料过程

(1)向沉淀罐 VX03 进料(Na_2S_n)。

① 开阀门 V9,向罐 VX03 充液。

② VX03 液位接近 3.60 m 时,关小 V9,至 3.60 m 时关闭 V9。

③ 静置 4 min(实际 4 h)备用。

(2)向计量罐 VX01 进料(CS_2)。

① 开放空阀门 V2。

② 开溢流阀门 V3。

③ 开进料阀 V1,开度约为 50%,向罐 VX01 充液。液位接近 1.4 m 时,可关小 V1。

④ 溢流标志变绿后,迅速关闭 V1。

⑤ 待溢流标志再度变红后,可关闭溢流阀 V3。

(3)向计量罐 VX02 进料(邻硝基氯苯)。

① 开放空阀门 V6。

② 开溢流阀门 V7。

③ 开进料阀 V5,开度约为 50%,向罐 VX01 充液。液位接近 1.2 m 时,可关小 V5。

④ 溢流标志变绿后,迅速关闭 V5。

⑤ 待溢流标志再度变红后,可关闭溢流阀 V7。

问题:

(1)沉淀罐 VX03 进料(Na_2S_n)完毕后为何要静置 4 h?

(2)向计量罐 VX01、计量罐 VX02 进料前为何要开放空阀?进料完毕后是否要关闭放空阀?

(3)向计量罐 VX01、计量罐 VX02 进料前为何要开溢流阀?进料完毕后是否要关闭溢流阀?如何操作?

2)进料

(1)微开放空阀 V12,准备进料。

(2)从 VX03 中向反应器 RX01 中进料(Na_2Sn)。

① 打开泵前阀 V10,向进料泵 PUMP1 中充液。

② 打开进料泵 PUMP1。

③ 打开泵后阀 V11,向 RX01 中进料。

④ 至液位小于 0.1 m 时停止进料。关泵后阀 V11。

⑤ 关泵 PUMP1。

⑥ 关泵前阀 V10。

(3)从 VX01 中向反应器 RX01 中进料(CS_2)。

① 开放空阀门 V2。

② 打开进料阀 V4 向 RX01 中进料。

③ 待进料完毕后关闭 V4。

(4) 从 VX02 中向反应器 RX01 中进料(邻硝基氯苯)。

① 开放空阀 V6。

② 打开进料阀 V8 向 RX01 中进料。

③ 待进料完毕后关闭 V8。

(5)进料完毕后关闭放空阀 V12。

问题：

(1) 从 VX03 中向反应器 RX01 中进料(Na_2S_n)时,如何操作？进料完毕后又如何操作？为何要这样做？

(2) 从 VX01、VX02 中向反应器 RX01 中进料时,为何要保持放空阀 V12、V2、V6 开放？进料完毕后如何操作？

3) 开车阶段

(1) 检查放空阀 V12、进料阀 V4、V8、V11 是否关闭。打开联锁控制。

(2) 开启反应釜搅拌电机 M1。

(3) 适当打开夹套蒸气加热阀 V19,观察反应釜内温度和压力上升情况,保持适当的升温速率。

(4) 控制反应温度直至反应结束。

问题：

(1) 开车前为何要打开联锁装置？

(2) 如何保持反应釜内升温速率合适？

4) 反应过程控制

(1) 当温度升至 55～65 ℃时关闭 V19,停止通蒸气加热。

(2) 当温度升至 70～80 ℃时时微开 TIC101(冷却水阀 V22、V23),控制升温速率。

(3) 当温度升至 110 ℃以上时,是反应剧烈的阶段。应小心加以控制,防止超温。当温度难以控制时,打开高压水阀 V20,并可关闭搅拌器 M1 以使反应降速。当压力过高时,可微开放空阀 V12 以降低气压,但放空会使 CS_2 损失,污染大气。

(4) 当反应温度大于 128 ℃时,相当于压力超过 8 atm(1 atm＝101 325 Pa),已处于事故状态,如联锁开关处于"on"的状态,联锁启动(开高压冷却水阀,关搅拌器,关加热蒸气阀。)。

(5) 当压力超过 15atm(相当于温度大于 160 ℃)时,反应釜安全阀作用。

问题：反应过程中如何控制温度和压力？

2. 热态开车操作规程

本操作规程仅供参考,详细操作以评分系统为准。

1) 反应中要求的工艺参数

(1) 反应釜中压力不大于 8 atm。

(2) 冷却水出口温度不小于 60 ℃。若小于 60 ℃易使硫在反应釜壁和蛇管表面结晶,使传热不畅。

2)主要工艺生产指标的调整方法

(1)温度调节。操作过程中以温度为主要调节对象,以压力为辅助调节对象。升温慢会引起副反应速率大于主反应速率的时间段过长,因而引起反应的产率低;升温快则容易发生反应失控。

(2)压力调节。压力调节主要是通过调节温度实现的,但在超温时可以微开放空阀,使压力降低,以达到安全生产的目的。

(3)收率。由于在90℃以下时,副反应速率大于正反应速率,因此在安全的前提下快速升温是收率高的保证。

3. 停车操作规程

本操作规程仅供参考,详细操作以评分系统为准。

在冷却水量很小的情况下,反应釜的温度下降仍较快,则说明反应已经接近尾声,可以进行停车出料操作了。

(1)打开放空阀 V12 5~10 s,放掉釜内残存的可燃气体。然后关闭 V12。

(2)向釜内通增压蒸气。

① 打开蒸气总阀 V15。

② 打开蒸气加压阀 V13 给釜内升压,使釜内气压高于 4 atm。

(3)打开蒸气预热阀 V14 片刻。

(4)打开出料阀门 V16 出料。

(5)出料完毕后保持开 V16 约 10 s 进行吹扫。

(6)关闭出料阀 V16(尽快关闭,超过 1 min 不关闭将不能得分)。

(7)关闭蒸气阀 V15。

问题:如何进行停车操作?

4. 仪表及报警一览表

位号	说明	类型	正常值	量程高限	量程低限	工程单位	高报	低报	高高报	低低报
TIC101	反应釜温度控制	PID	115	500	0	℃	128	25	150	10
TI102	反应釜夹套冷却水温度	AI		100	0	℃	80	60	90	20
TI103	反应釜蛇管冷却水温度	AI		100	0	℃	80	60	90	20
TI104	CS_2计量罐温度	AI		100	0	℃	80	20	90	10
TI105	邻硝基氯苯罐温度	AI		100	0	℃	80	20	90	10
TI106	多硫化钠沉淀罐温度	AI		100	0	℃	80	20	90	10
LI101	CS_2计量罐液位	AI		1.75	0	m	1.4	0	1.75	0
LI102	邻硝基氯苯罐液位	AI		1.5	0	m	1.2	0	1.5	0
LI103	多硫化钠沉淀罐液位	AI		4	0	m	3.6	0.1	3.0	0
LI104	反应釜液位	AI		3.15	0	m	2.7	0	2.9	0
PI101	反应釜压力	AI		20	0	atm	8	0	12	0

学习材料——事故设置一览

下列事故处理操作仅供参考,详细操作以评分系统为准。

1. 超温(压)事故

原因:反应釜超温(超压)。

现象:温度大于 128 ℃(气压大于 8 atm)。

处理:(1) 开大冷却水,打开高压冷却水阀 V20。

(2) 关闭搅拌器 PUMP1,使反应速率下降。

(3) 如果气压超过 12 atm,打开放空阀 V12。

2. 搅拌器 M1 停转

原因:搅拌器坏。

现象:反应速率逐渐下降为低值,产物浓度变化缓慢。

处理:停止操作,出料维修。

3. 冷却水阀 V22、V23 卡住(堵塞)

原因:蛇管冷却水阀 V22 卡。

现象:开大冷却水阀对控制反应釜温度无作用,且出口温度稳步上升。

处理:开冷却水旁路阀 V17 调节。

4. 出料管堵塞

原因:出料管硫黄结晶,堵住出料管。

现象:出料时,内气压较高,但釜内液位下降很慢。

处理:开出料预热蒸气阀 V14 吹扫 5 min 以上(仿真中采用)。拆下出料管用火烧化硫黄,或更换管段及阀门。

5. 测温电阻连线故障

原因:测温电阻连线断。

现象:温度显示置零。

处理:改用压力显示对反应进行调节(调节冷却水用量)。

升温至压力为 0.3～0.75 atm 就停止加热。

升温至压力为 1.0～1.6 atm 开始通冷却水。

压力为 3.5～4 atm 为反应剧烈阶段。

反应压力大于 7 atm,相当于温度大于 128 ℃,处于故障状态。

反应压力大于 10 atm,反应器联锁启动。

反应压力大于 15 atm,反应器安全阀启动。(以上压力为表压)。

学习材料——仿真界面

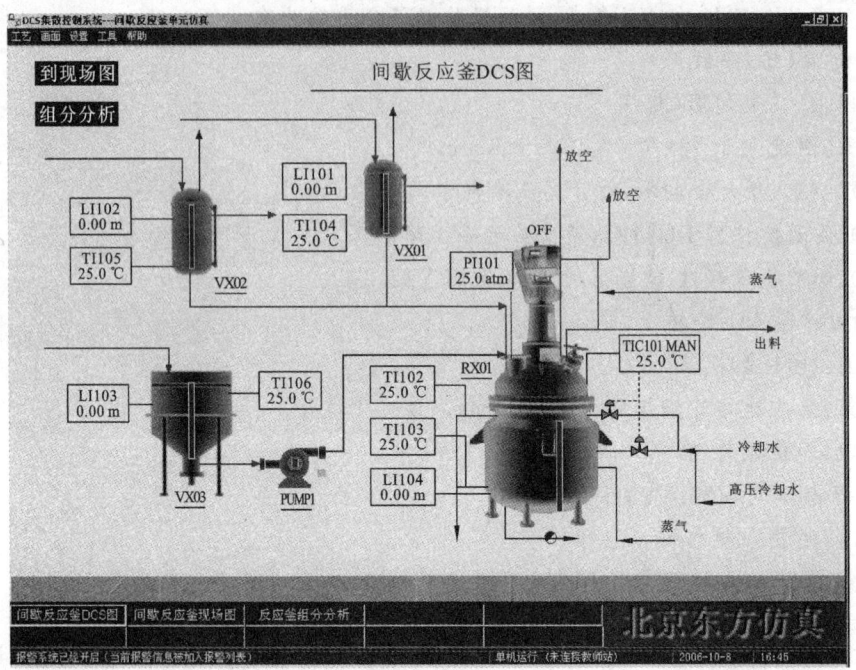

间歇反应釜 DCS 界面

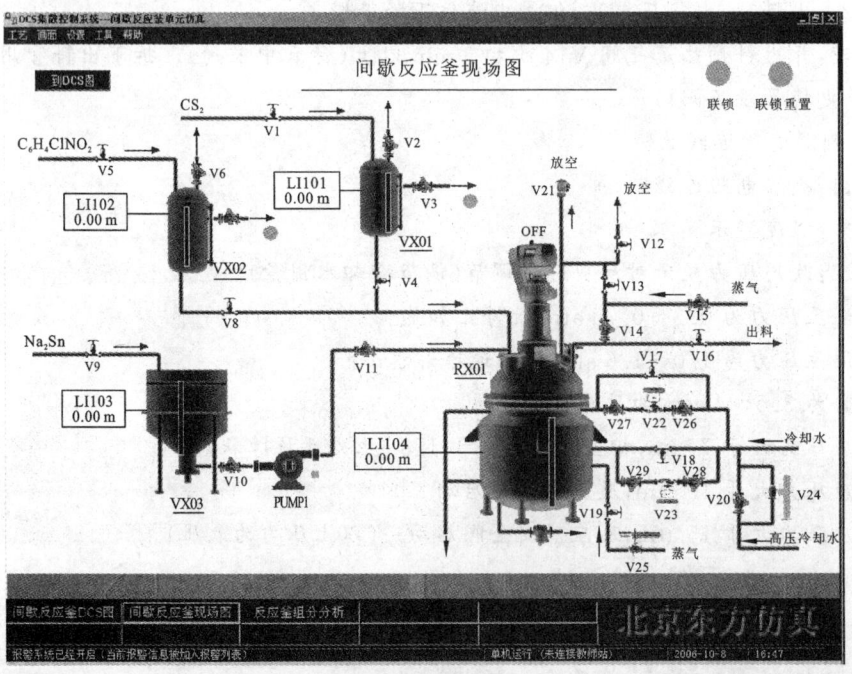

间歇反应釜现场界面

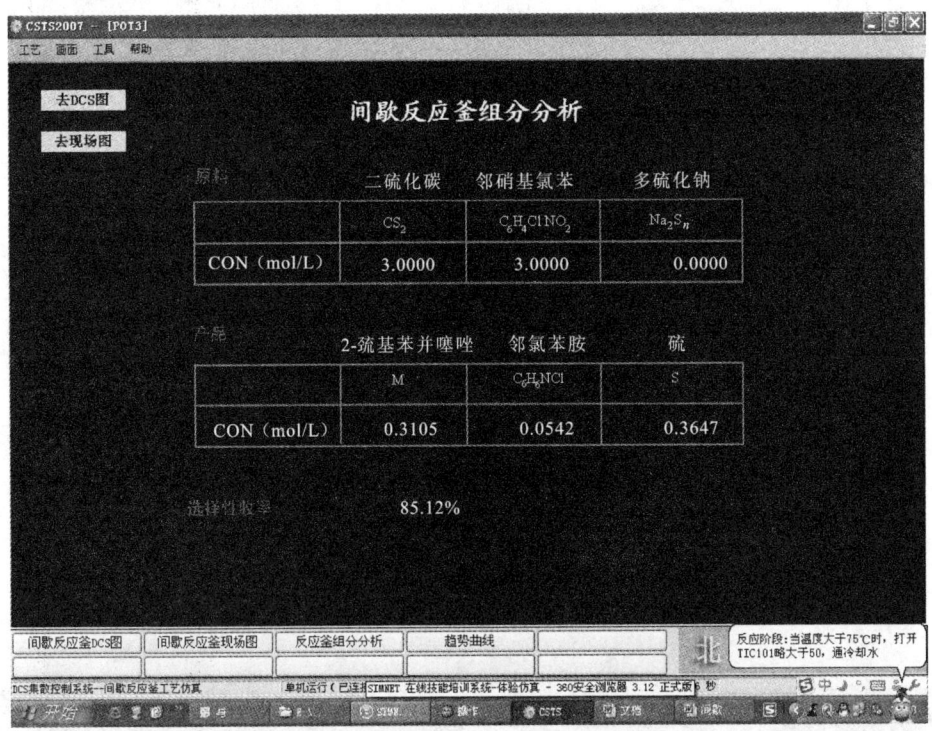

反应釜组分分析

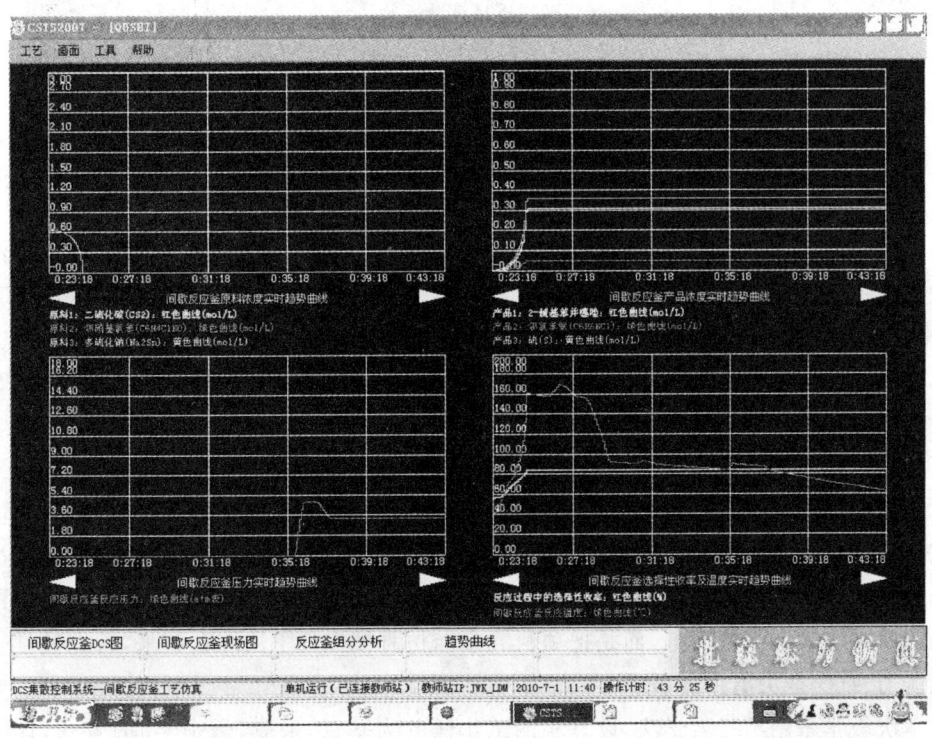

趋势曲线

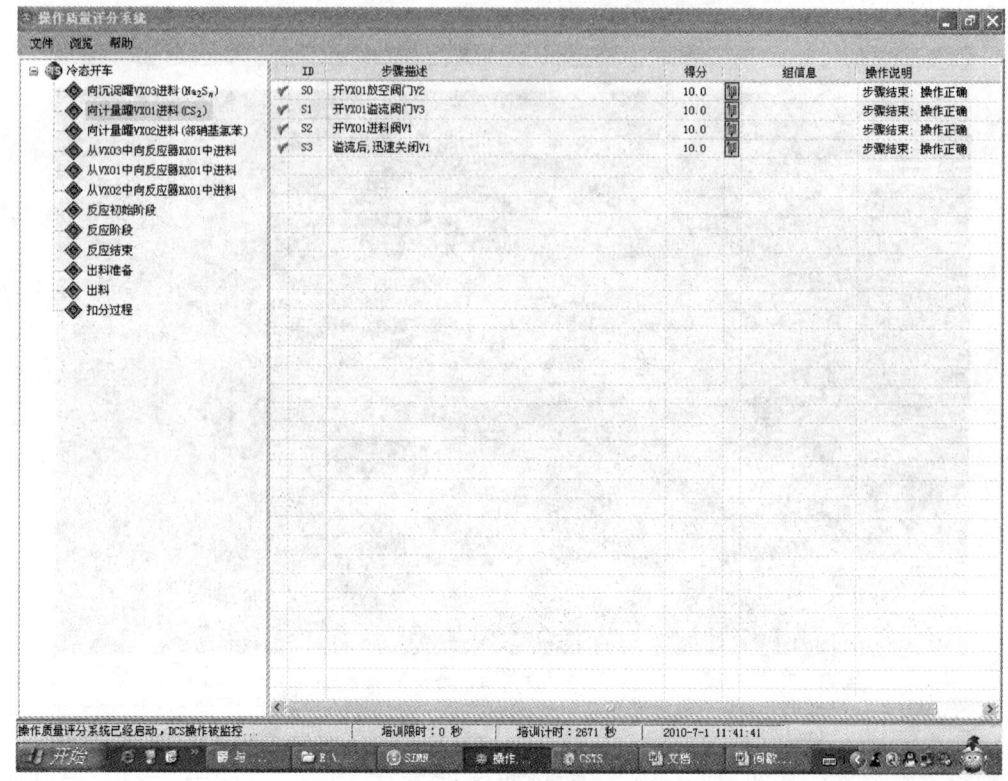

操作质量评分系统

6.5.2　间歇法制硫化促进剂 DM 案例分析

1. 教学方法的确定

间歇釜是化工生产中的常用反应设备,也是化学工程与工艺专业学生一定要会使用的设备之一,但实际的化工生产中不可能提供符合学生学习的条件及机会,所以用仿真软件进行教学是目前较好的解决办法之一。本教学的内容是利用间歇釜生产硫化促进剂 DM,重点是通过用仿真软件学习,巩固化工单元设备的结构、操作要点,初步熟悉 DCS 控制系统在化工生产中的应用,体验完整的工作过程,培养学生的综合职业能力。因教学对象是化工专业二年级的学生,他们在一年级已经学习了无机化学、有机化学,对常用元素及化合物的性质有了较深入的认识;并在一年级下学期已经开始学习化工单元操作过程,对流体输送设备及管道附件的结构、原理、操作等都有了深刻的印象;同时已经接触过仿真操作下使用常用单元操作设备。所以本教学的教学目标及教学过程的设置不是停留在普通的模拟实训课的层面上,而是把项目教学与仿真模拟教学法综合起来,旨在使学生的方法能力、社会能力有所突破。

本次教学采用项目教学法,以真实的工作任务为基点,采取"做中学"的方式,让学生通过完成工作任务来获得知识与技能,提高学生解决实际问题的综合能力。

2. 教学过程分析

1）认识学习任务

为了让学生初步、全面地了解学习任务，明确教学目标，教师先用仿真软件演示间歇法生产橡胶制品硫化促进剂 DM 的过程，同时简要讲解操作规程。之后教师展示本次课的教学目标，提出相关的问题让学生思考，指导学生分成若干个学习小组，各小组组长对组员进行分工，为下一步收集资料做准备。

2）收集资料，解决疑难

为了制订工作方案，需要学生先解决相关的疑难问题。教师在此过程中为学生提供查找信息的手段（如可利用网络资源、教材、化工工艺及基础化学的参考书籍、仿真软件等），指导学生选择有用信息；同时教师有必要讲解生产原理、反应过程及各工艺条件对反应的影响。学生主要解决以下问题：原料、产品的性质特点；生产原理、主副反应式；提高反应速率及收率的工艺条件；各种阀门、泵、反应釜的结构特点及操作要点。分组学习可提高学生的协作能力，收集整理资料也是基本的能力要求。在学习专业知识的同时，因为学生主动去搜集有关的信息资料，提高了学生学习的主动性；而小组形式学习有利于培养学生的交流、协作能力。

3）认识操作过程

仿真软件中的操作过程基本上是固定的，对于学生来讲，不能停留在会操作这一层面，更重要的是知道为何这样操作。为了让学生更有效地制订工作方案，有必要让学生再一次认识操作过程。此阶段由教师向学生发放学习参考资料，并展示操作规程要点，同时指导学生对操作规程进行分析，明确每一步的操作及其作用。另外可让学生初步尝试进行单项操作。

4）制订工作方案

为了更有效地进行上机实操，各小组要写出详细的操作步骤，包括操作注意事项、紧急事故的处理方法等。同时，在组内或组间互相检查方案，经教师认可后作为本组的工作方案。本阶段除了让学生综合运用专业知识外，通过方案的制订还可培养学生的语言文字表达能力、综合考虑问题的能力。

5）上机实操

学生根据制订的工作方案上机操作，用仿真软件进行 DM 的生产。在操作过程中要求学生对出现的问题及时处理并做好记录。教师在此阶段指导学生上机操作，巡视学生操作情况，并记录共性或个性的问题。

6）反馈评价提高

学生总结、交流本次完成任务的情况，教师对本任务的整体完成情况进行评价，并找出有代表性的例子进行系统的评价，与学生共同探讨存在的问题。学生根据软件系统的评价和教师的点评情况反思操作中的问题，并修改方案，进一步提高操作能力。通过反思与评价强化学生对知识和技能在工作中运用的理解。

3. 案例特点

为了学生自我建构知识和组织教学的便利,同时为更有效地培养学生的专业技能和关键能力,本次课采用项目教学法与模拟教学法相结合的形式。采用这种教学形式,学生通过"认识工作任务→搜集信息→熟悉操作规程→制订方案→上机实操→反馈评价提高"这一完整的工作过程提高了对知识和技能的综合运用。在完成工作的过程中,学生不是简单被动地接收信息,而是主动地建构意义,是根据自己的经验背景,对外部信息进行主动的选择、加工和处理,完成整个工作过程,从而获得自己的意义。在教学的过程中,始终"以项目为主线、以教师为主导、以学生为主体",改变了以往"教师讲,学生听"的被动教学模式,创造了学生主动参与、自主协作、探索创新的新型教学模式。学生在完成实践任务的过程中获得了职业能力的发展。

参 考 文 献

北京东方仿真软件应用技术有限公司软件培训资料.

邓苏鲁.2007.有机化学.北京:化学工业出版社.

董成仁.1997.关于职业教育的教学方法——"引导文教学法".课程.教材.教法,(12):34-38.

董敬芳.2007.无机化学.北京:化学工业出版社.

董振珂,路大勇.2006.化工制图.北京:化学工业出版社.

樊亚娟.2008.项目教学法在化工工艺课中的实践探析.长春理工大学学报(高教版),
    3(4):74-76.

付长亮,苏华龙.2008.化工生产认识.北京:化学工业出版社.

何应林.2005.机械类高技能人才操作技能形成影响因素研究.天津:天津工程师范学院.

河北正元公司自编内部职工培训教材.

居宇鸿.2008.中等职业学校电子技术应用专业课程推行项目教学方法的实践与研究.苏
    州:苏州大学.

乐建波.2006.化工仪表及自动化.北京:化学工业出版社.

冷士良,陆清.2007.化工单元操作及设备.北京:化学工业出版社.

李平.2000.关于"引导文教学法"的探讨.中国培训,(9):44-45.

李贵贤,卞进发.2008.化学工程与工艺概论.北京:化学工业出版社.

李向东.2006.动作技能教学模式建构.职业教育研究,(5):125-126.

刘红梅.2008.化工单元过程及操作.北京:化学工业出版社.

刘维政.2009.项目教学法在课程教学中的应用.教育管理,(2):136-137.

鹿泉市职业教育中心自编校本教材.仿真实训教材.

鹿泉市职业教育中心自编校本教材.化工单元操作实训.

苗士伟.2009.从认知负荷理论谈PPT的制作.大众心理学,(4):48.

石伟平,徐国庆.2005.职业教育课程开发技术.上海:上海教育出版社.

王绍良.2007.化工设备基础.北京:化学工业出版社.

王振中,张利锋.2006.化工原理.北京:化学工业出版社.

徐静.2005.模拟教学法的内涵阐释.苏州市职业大学学报,(1):35-36.

赵建军.2008.甲醇生产工艺.北京:化学工业出版社.

郑舟杰.2007引导文教学法教学实践探析.珠海城市职业技术学院学报,(1):39-44.

智恒平.2008.化工安全与环保.北京:化学工业出版社.

中国化工教育协会.2007.全国中等职业教育化工工艺专业教学标准.北京:化学工业出版社.

周莉萍.2007化工生产基础.北京:化学工业出版社.